U0271202

小账本

一本为你量身定做的简易理财手册

大规划

康 凝/主编

红旗出版社

图书在版编目（CIP）数据

小账本，大规划／康凝主编．
— 北京：红旗出版社，2012.6

ISBN 978-7-5051-2259-8

Ⅰ.①小… Ⅱ.①康… Ⅲ.①财务管理－通俗读物
Ⅳ.①TS976.15-49

中国版本图书馆 CIP 数据核字（2012）第 108123 号

书　　名：**小账本，大规划**
主　　编：**康　凝**

出 品 人：高海浩	责任校对：藏杨文
总 监 制：徐永新	封面设计：博雅工坊
责任编辑：陈　豪	版式设计：博雅工坊

出版发行：红旗出版社
地　　址：北京市沙滩北街 2 号

邮　　编：100727	编 辑 部：010－82061212
E－mail：hongqi1608@126.com	发 行 部：010－64024637
欢迎品牌图书项目合作	项目电话：010－84026619

印　　刷：北京盛兰兄弟印刷装订有限公司

开　　本：710 毫米×1000 毫米　　1/16
字　　数：150 千字　　　　　　　印　　张：14
版　　次：2014 年 6 月北京第 1 版　2014 年 6 月北京第 1 次印刷

ISBN　978-7-5051-2259-8　　　　　定　　价：32.00 元

前　言

我们的困惑与从容,通货膨胀下的百味生活

　　一位美国历史学家说:"金融危机让炫耀财富时代结束。"民众消费对一个国家来说是个大矛盾:太少的消费,就没有内需,就没有发展;过度的消费,会导致个人困顿,会导致经济泡沫。

　　2008 年突然而来的金融危机让很多人失去了工作,失去了收入,生活质量迅速下跌,而还没等大家缓过气儿来,通货膨胀又如猛虎而至。现在人们常说,看病难、上学难、住房难,这是"新的三座大山",生活被它们压得喘不过气来,于是,中国的白领甚至金领们纷纷褪去浪漫和奢华,前赴后继奔向"房奴"、"车奴"和"孩奴"。房价的一路猛涨,看病难、看病贵的矛盾,呈现几何级数增长的孩子抚养费成了中国中产阶层的心头之痛,而这些也基本掏空了中层群体的口袋,架空了整个群体的利益和消费能力。中国的中产阶层渐成为一个被鼓吹出来的泡泡,看似美丽,实则一扎就破。

　　我们的生活状态也随着经济的变化而发生了改变,或许历尽波折后我们走得更从容,或许在艰难中我们寻找和把握到更多机会,还有的,是被现实灼得伤痕累累的心。

　　让我来讲两个小故事:

小青和老公是大学同学，军训时一见倾心，四年一直沉浸在甜蜜爱情中，并说好一毕业就结婚。四年一晃而过，毕业不久，他们就履行恋爱时许下的诺言：一起回各自老家见爸妈，领结婚证让爱情上一层保险。

没有婚房，没有婚车，没有钻戒，没有婚礼，没有蜜月，他们非常赶潮流得"裸婚"了一把。婚后不久，他们一起到了南京，在公司附近租了一间不足30平米的小屋，又花了三天的时间把小屋装扮得浪漫温馨。身在异乡，他们是彼此唯一的依靠。

小青每次加班，老公都会把晚餐准备好等她，有时到公司接她。老公拉着她的手，他们像两个孩子一样一边走一边唱，甜蜜的歌声随晚风飘远。头靠在老公的肩膀上，闭上眼睛，小青觉得一天的辛苦和委屈消失得无影无踪。小青的老公是个非常细心的人，每次出差都不忘给她捎当地特产，一块方巾、一个布娃娃、一条民族风的裙子……虽然不大，但是小青能感受到老公对自己的心意。休息日的时候，他们会把这些小礼物拿出来放在一起，老公如数家珍地说这个是在哪儿买的，那个又有什么特别的含义，小青觉得很幸福，珍惜。他们就这样相扶相携一起在他乡打拼，婚后第二年，在小青生日那天，老公送给一盆芦荟放在电脑旁边防辐射，更令人意外的是，真正的礼物其实是在芦荟叶子上的那一枚钻戒，钻石发出的光芒熠熠生辉。婚后第五年，经过不懈努力和打拼，他们有房了，也有车了，接下来他们计划为家里添一个新成员了。

第二个故事，我是听朋友讲给我听的，听后不胜欷歔。

华跟老公都是从农村考出来，读了上海的大学。他们是校园恋情，毕业后没有回老家而留在上海。刚开始，他们租房子，每个月两个人的工资加起来减掉房租，还能存下一笔钱。看着一天天上涨的房价，他们把几年的积蓄拿出来，再向家里父母讨了些钱、亲朋好友借了些钱作为首付,又贷款买了一套房,"光荣"地加入房奴一族后,既要还贷款,又要还朋友的钱,日子便过得捉襟见肘。

为了增加收入,他们工作之余都在外揽活做兼职,另一方面,则尽量节流能省就省。这样一来,在一起交流情感的时间就越来越少了。一开始,他们还互相安慰:"生活一定会好起来的,先苦后甜慢慢来。"经过努力,最初一两年还比较有效果,看着存折上账面的钱多起来,当初买房的借债也慢慢还清,他们很高兴。然而,2008 年金融危机来了,2010 年通货膨胀又来了,两人收入增加的速度似乎永远跑不过通货膨胀,随着物价上涨得越来越快,能存下来的钱也越来越少。日子过得更加艰难,这让他们身心疲惫,贫贱夫妻百事哀,两人的矛盾在烦恼中越来越大,几年来他们都忙着赚钱交流更少了,心的距离越来越大。后来,他们甚至会因为一件小事动气,隔三岔五地吵架,总而言之,始作俑者还是钱,经济基础的不稳固,日子过得不顺利所以火气都大。与其相互折磨不如好聚好散,他们不得已选择结束婚姻。在爱情与金钱之间彷徨犹豫,或许很多人都曾经有过这样的困惑经历。他们吃散伙饭的时候感叹:我们之间的感情是真的,但现实更是残酷的。

活着,是我们来到这个世界的第一要义。但是我们要更好地活着,活出滋味,活出精彩。这就需要我们在各方面付出更多的努力。生活是琐碎的,却也是我们活着的意义。吃穿住用行,处处是节省不下的花费。况且每个人在不同生涯当中,还会碰到购车、购房、信用卡、股票基金、创业贷款等理财问题,稍不注意,就可能会付出高额利息,甚至破产背负难以承受的债务。理财是门学问,你想过如何科学使用金融商品或是让你的贷款利息更省吗?

有个朋友跟我说,他每天早晨醒来,第一件事就是计算自己欠了多少钱。房租、吃饭、应酬、和员工的工资等。这样生活看似太紧张，但你是如何看待钱的呢？或许你也有过这样的体验：才刚在取款机提了2000元，跟朋友出去逛一趟，这2000块钱只过了下手就消失了，事后却找不出来钱到底花在哪里？

与其在每次无意识中花钱如流水，为何不在一开始就先盘算钱该怎么花，是否还有节省的余地？你知道如何确定什么是"必要支出"与"非必要支出"吗？你是否在持续坚持"当用则用、能省则省"的原则？你又知道怎样才能让自己的个人账单没有赤字吗？现在不妨就跟我们一起，坦诚面对自己的个人财务状况，了解理财原理，彻底摆脱月光族的梦魇，一起脱贫致富吧。

目录

CONTENTS

前言　我们的困惑与从容,通货膨胀下的百味生活 ⋯⋯⋯⋯⋯ Ⅰ

第一章　你关心自己的钱吗? /1

　　第一节　谁偷走了你口袋里的钱? /3

　　第二节　一出一进,保证你的现金流 /7

　　第三节　节俭理财是一种时尚自助餐 /11

　　第四节　专家给你的理财变奏曲 /15

第二章　做一个精打细算的账客 ⋯⋯⋯⋯⋯⋯⋯⋯⋯⋯ 19

　　第一节　不记不知道,记账好处多 /21

　　第二节　传统记账掌握财富流向 /27

　　第三节　网络小账本风靡的秘密 /32

　　第四节　动手给自己做一张理财规划表吧 /38

第三章　抠门有理——学学账客们的理财奇招 ⋯⋯⋯⋯ 47

　　第一节　低碳生活、理性消费——做快乐的"抠抠族" /49

　　第二节　身心都健康,省钱快乐享生活 /53

　　第三节　节省小窍门,积少成多攒大钱 /72

第四章 算计生活,辨识消费误区 ·········· 85

第一节 合理消费——该省的不花,该花的不省 /87

第二节 你真的会用信用卡吗? /92

第三节 摸透超市消费的玄机 /102

第五章 广开副业遍地生财,钱来也! ·········· 107

第一节 网上开店是时尚 /109

第二节 做快乐自由的 SOHO 一族 /117

第三节 开动脑筋,兴趣爱好变财富 /123

第六章 合理投资——让钱生钱其实不难·········· 125

第一节 排排队,分果果——储蓄与投资怎么分配? /127

第二节 合理储蓄——向银行要钱不手软 /130

第三节 股市,财富的天堂和地狱 /134

第四节 基金债券,放长线钓大鱼 /153

第五节 房地产——保值资产投资的首选 /168

第七章 预见 30 年后的自己,理财就是理人生·········· 177

第一节 做命运的推手,人生早规划 /179

第二节 最大的投资是自己,开启人生崭新旅程 /185

第三节 创业做自己的老板,你准备好了吗? /193

第四节 它山之石,学习国外的理财高招 /208

小账本,大规划

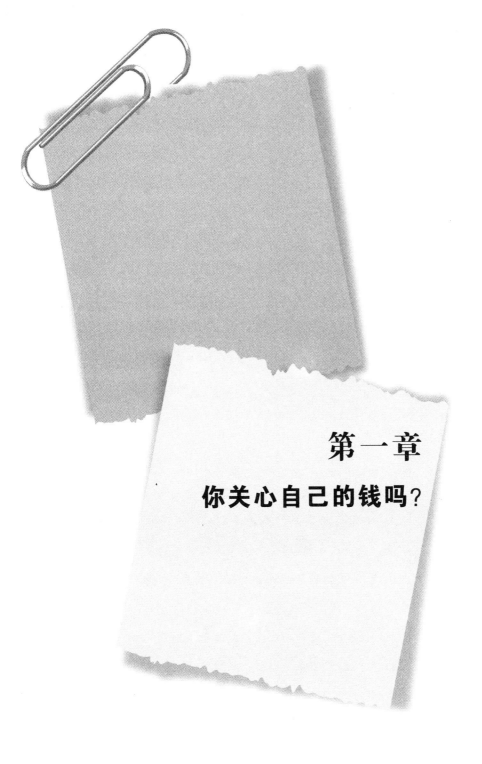

第一章

你关心自己的钱吗？

经济学家认为,人人都在追求最大的幸福,而幸福的最大前提是提高物质生活水平。在金融危机、通货膨胀等多只老虎的吞噬之下,我们的各个阶层老百姓的财富积攒能力在下降。柴米油盐酱醋茶,出门就得花钱。要快乐,首先要有面包把肚子填饱。所以学会理财,应该是获得幸福的方式之一。

第一节　谁偷走了你口袋里的钱？

六年前，一个县城农民就在镇上一个收购站打工，每个月收入500元。儿子在省城上大学，每年光学费就四五千，所以一到开学他就愁得紧皱眉头。两年前，儿子到北京上了公费的研究生，不需要花学费，每个月还有生活补贴，老杨的负担终于轻松了一些，但是他依然省吃俭用，想为自己多存点"老本"。他说：儿子也到了结婚成家的年龄，他以后可能留在北京。北京的房价又太高，儿子的压力非常大，自己不想给他拖后腿增加负担。然而，几个月前他胃疼难忍，熬到实在坚持不住到县城医院检查，最后确诊胃癌晚期。屋漏偏逢连夜雨，他的家庭一下子陷入了巨大的无助和绝望中，刚刚燃起的一点希望就被无情的现实浇灭了。

看病难、上学难、养老难三大问题，在很多中国家庭都存在，尤其在农村，压力格外重，成为名副其实的新的"三座大山"。

在城市，则出现了一群主动放弃就业机会，平时赋闲在家，衣食住行全靠父母的年轻人，他们被称为"啃老族"。上海青年小金在新劳动法颁布实施前，他失业了。一年之后，他仍然没有找到新的稳定工作，于是索性加入了"啃老"一族。他每个月从退休的父母手里"借"点钱，每天在家里蹭吃喝。

80后年轻人啃老似乎已是流行说法了。很多人将年轻人啃老的原因归结为：不奋斗、不上进、不努力。现在的年轻人大多是独生子女，父母长辈娇惯溺爱也导致了啃老现象的风行。但有记者也针对这个问题进行了调查，发现啃老的确是一个不容忽视的现象，不过主要原因却不在年轻人，也不能怪他们的父母。

有人说，医疗、教育、房子是社会的新"三座大山"。而沉重的房贷、养孩、养老负担则是压在80后身上的三座大山，仅靠刚毕业几年的有限收入，光凭他们自己的力量是根本背不起这三副重担的，他们只好转而求助父母。一个啃老族是个人问题，试想，如果当今多数年轻人都无力仅凭个人奋斗富裕，哪怕只是过上正常的生活的话，那就是一个社会问题了。

新近出现的"蚁族"一词更加引人注意，主要特指80后刚大学毕业工作不理想而低收入的一个群体，他们的生活特点与蚂蚁有很多类似，如弱小、群居等，这是一个令人悲哀的比喻，不仅仅是个人的悲哀，更是社会的一个伤痛。关于"80后"的生存状态和可能引发的社会问题，社会上已有过许多讨论，比如之前对"啃老族"和"月光族"的关注，现在又有了"蚁族"。

"蚁族"群体主要来自农村或城市的社会底层，既没有可依靠的家庭背景，更无可利用的社会资源，总而言之，既不能凭爹，也不能凭关系，一切都要靠自己打拼。当他们怀揣梦想两手空空来到北上广等大城市，唯一可凭借的资本只有高学历，年轻，能吃苦，还有要在城市拼出一片天的梦想。所以，许多城市土著不屑的电子产品销售、保险推销等临时性、低层次的工作成为他们理想人生的起点。在这样的工作状态中，不仅收入有限，有的连基本的保险和劳动合同都没有，一不小心就会失业。据报道，"蚁族"群体的平均收入不到两千，如此的低收入想在高消费的大城市生存下来实属不易，于是他们只能选择远离中心的城乡结合部住简陋破旧房子作为临时居所，在饮食上，他们也不敢多花钱，一般以简单盒饭充饥了事。

买房、买车、结婚、创业，希望通过奋斗能够在某一天实现理想，过上体面的生活，不再做城市的边缘人，这是很多"蚁族"的梦想。然而，面对不断上涨的房价、物价，激烈的职场人事竞争，巨大的生存压力，理想对于他们中的大多数人来说越来越遥远，几乎成了无法实现的幻想。白岩松在清华大学的演讲中谈及自己以及现在年轻人的青春时感叹："哪代人的青春容易呢？现在的年轻人面临以"蜗居"为标志的住房焦虑，以"蚁族"为标志的理想与现实冲突，以"暗算"为标志的人际关系、职场斗争，这些让年轻人必须现实、必须功利。"同时，当他谈到现在年轻人的人生之路一开始的目标就被物化，面临着"新的三座大山"，20出头就要为住房焦虑等现象时，白岩松表示坚决支持年轻的"蚁族"们不懈寻找理想，哪怕最终没有找到。每一个人在每个人生阶段都有其应做的最重要的事，而如果一个时代残酷到让年轻人们都放弃理想，那么这个时代更是令人担心的。

啃老族、蚁族刚出校门经济实力不强，生存能力比较低是导致这些现象的客观原因。随着中国经济的不断进步，白领阶层异军突起，无论是年薪百万甚至千万的"打工皇帝"，还是金领人士或是白领，他们都正在对中国的经济发展做着巨大的贡献，是整个社会的中坚力量，他们整体的生存状态、生活质量情况将对中国未来的全面发展、国际竞争力起到举足轻重的作用。

但是在金融危机、通货膨胀的接连轰炸架空之下，被寄予厚望的白领金领中坚阶层也面临巨大窘境。日前,某机构对白领生活质量的调查显示:白领一族的工作、生活压力都很大,尤其是金融危机和通货膨胀发生后,他们的健康状况、消费观念、压力指数、心理状况等与以前相比都在或多或少的发生变化。

目前,中坚阶层的日常消费支出更趋于理性。所谓日常消费支出指的是对房子、车子、票子的需求情况以及当前的消费观。大多数白领不再对当下新流行的服装或食品等日常消费品趋之若鹜,他们的消费观更加趋于成熟和理性。他们对于消费型的时尚品需求在降低,消费的重点是住房和买车等大宗耐用保值消费品。另外,随着中产阶层群体在中国日益壮大,财富的概念日渐成为人们关注的焦点,越来越多白领把目光转而投向理财投资等方面来扩大财富或保值资产。那么,如何区分投资和消费项目呢? 什么样的现金流管理能让自己的财富得到全面保障? 如何把理财规划和人生发展相结合? 总之,积极理性的消费方式,是目前中层人士关注的大热内容。

据调查显示,家庭生活对职业白领越来越重要,他们会更加注重家庭、亲情给予的温暖和支持。不过,由于工作繁忙,竞争过大,生活节奏加快,越来越多的白领不得不把精力倾注在应付日常工作中,导致个人家庭生活事务不能得到及时有效处理。看得出,在各种压力之下,白领们照顾个人生活和感情的空间越来越狭窄,他们对情感的心理诉求几乎是和工作等外在压力同步增加的。家庭和个人情感的满意度将直接影响白领们的工作效率,这对他们来说是一个巨大的矛盾,也是容易产生家庭问题的因素所在。

一个不可忽视的事实是,白领们的健康指数正在逐渐下降。由于企业竞争压力上升,在成本和利润的调控中,人力成本削减便成了最常用且屡试不爽的方式。同样的工作量,大部分企业追求效率尽量高,用人却越少越好。所以,这必然造成职业白领们每天都几乎是满负荷甚至超负荷工作,加班也成了家常便饭,于是他们的身心健康问题便浮出水面。相当多的人没有时间参加体育锻炼或健身运动,甚至没有时间正常休息,造成了"鼠标手、慢性病"等职业病。

经济学家认为,人人都在追求最大的幸福,而幸福的最大前提是提高物质生活水平。在金融危机、通货膨胀等多只老虎的吞噬之下,我们的各个阶层老百姓的财富积攒能力在下降。理性柴米油盐酱醋茶,出门就得花钱。要快乐,首先要有面包得把肚子填饱。所以现在学会理财,应该是获得幸福的方式之一。

第二节 一出一进,保证你的现金流

一个人的一生到底要花多少钱? 这是一个令人感兴趣的话题。有人把这个数字计算出来了。

在青岛这样二三线的城市,一对夫妻一生的金钱消耗是 397.2 万,而这还只能满足基本的小康生活,这份金钱规划大致包括:

1. 一套房子(包括装修)约 50 万,而这个价位的房子还必须得靠近城乡结合部。

2. 普通的小车约 15 万,按使用期限为 10 年来算,三十年左右就得买上 3 辆,加上保养费、税金等费用,得花上近百万。

3. 养一个孩子到大学毕业差不多要 35 万,这笔钱是仅够把一个正常的孩子培养到可以自食其力,还不包括学习钢琴、画画、送出国门的费用……

4. 孝敬老人是我们的基本道德,孝敬父母要 43.2 万以上,因为一对夫妻要养 4 个老人甚至七八个老人,按每月给每个老人 350 元孝敬 35 年计算,绝对是一笔不小但省不了的开销。

5. 全家日常生活开销 108 万左右,按 35 年算每个月的花费约 3500 元,包括一般层次的社交,还有日常水、电、煤气、电话、网络、小区管理费等杂费。

6. 旅游休闲费约 35 万,平均一年得一万。一年的双休日加节假日,累积一起有 140 多天,随便到市郊周边地方转转就把一万的预算花完了。

7. 退休养老 36 万,假设退休后只活 15 年,每月老两口只能花 2000 元(包括医药费),万一再长寿一点再活 16 年以上,就得另想辙了。

乍一看一对夫妻一辈子花的钱数目庞大,其实仔细分析这个生活标准还真是不高,只能算普通人甚至偏中下的水平。但是要想满足这个预算的生活,一对夫妻每月进账最少 1.2 万元。

真是不算不知道,一算吓一跳,手里没钱,寸步难行,时时刻刻都要钱。尤其是年轻人,需要钱的地方更多,比如说因突然失业引起的短期收入下降或拍拖后支出提高,或者朋友同学的各种应酬一时间集中涌来,这些事情都需要充足的资金支持,因此作为单身年轻白领来说,未雨绸缪做好自己现金流的管理,时刻准备一定数量的应急资金是非常有必要的。对于一个家庭来说,现金流则尤其关键。一个家庭如果现金流断了,甚至破产了,就无法还银行房贷、供养父母孩子、日常生活就转不灵了。在收支的天平中,现金收入是最主要的,也就是说收入一定要大于支出,那么你的家庭财务才是良性的,相反如果是支出大于收入,就说明你的小金库里缺钱了,很有可能导致一些家庭生活资金链的断裂,使生活陷入困顿,这就要小心了。

从现金流的正负我们能直观了解一个家庭的收入来源和支出消费,并清楚各部分所占的比例,从而看出整体的收支状况,进而有针对性地进行开源或者节流的理财规划。通过一个现金流量表,我们就可以知道合计工资收入和资产性收入等项目的家庭总收入有多少,包括日常生活开支、保险费用、教育费用等名目的家庭支出有多少。是入大于出还是出大于入? 在保证家庭基本生活开支的情况下,我们还有多少"闲钱"可以进行投资理财或作其他用途?

家庭的收入一般主要包含两部分:工资性收入与资产性收入。工资性收入,主要是指劳动收入,简单说就是我们的薪水。资产性收入主要是指股票、分红、存款利息及租金等收入。如果你的工资性收入占总收入的比重较大,则说明你的收入来源过于单一而且不保险,那么你就需要制定一个科学的理财规划来增加资产性收入。反之,如果你的资产性收入占较大比重,生钱的渠道比较多,那么恭喜你,你已经步入财富自由之列了。

家庭支出也一般主要包含两部分:固定支出与弹性支出。固定支出即用于基本衣食住行等消费的开支,包括日常生活费用、汽车费用、供房费用及教育费用等。固定支出好比面包,是为满足每天生存需求而必不可少的支出。弹性支出包括休闲娱乐、个人培训开支等费用,它好似黄

油,虽然不是生活必需品,但合理安排可以让个人生活更加丰富多彩。

一般来说,固定支出的项目固定,每月消费数额相对稳定,尤其随着收入水平的提高,其所占的比重也会相应降低。而弹性支出则会随着收入水平提高所占比重逐渐扩大。如果你想知道自己的收入和消费分配情况,年底时候可以做收入和支出两张表来分析一下。如果收入比支出多些,那么恭喜,就算你现在现金流不少,生活也会过得比较从容;如果收入比支出多一点甚至还入不敷出,那么你的净资产就会缩减,日子会过得比较紧张,那么就该想办法增加你手里的现钱了。同时再跟去年的情况比较一下,就知道今年是芝麻开花节节高经济越来越乐观了,还是越来越挫了?如果你的收入总是小于支出,那么你的总体经济状况就成了负增长了,你的资产就会越来越少,该加把劲努力扭转困局了。只有不断增加收入减少开支,你手里的钱才会更多,离小康日子才越来越近。

现金流对个人经济状况的重要性不言而喻。所以,我们应当尽量避免现金流为负数的情况,但如果实在不幸,出现负现金流,别着急,先看看到底为什么出现。如果是为了供房、车等大宗保值品而花销,应该是好事,至少不是件坏事;如果是因为市场环境差经济不景气暂时性失业,也大可不必慌张,要有信心期待经济终将好转。但是要警惕消费多于收入的惯性负现金流,日复一日终有坐吃山空的危险,必须要想法子改变这种情况。关于个人理财,有各种各样的理论,归结到一点:只要保持正现金流,个人的经济状况只会进步不会退步。

第三节 节俭理财是一种时尚自助餐

听老一辈说,他们曾经因为物质匮乏而节衣缩食,现在,我们拥有丰富的物质却又重新主张节俭。我们的钱不够花吗？我们的能源不够用吗？不可否认,我们生活在一个物欲横流的社会,人们接触的越多就会越热衷追求更多的物质享受,越来越难以满足。我国的国情是,人口众多、资源相对贫乏、环境脆弱,承受力弱。我国政府从宏观经济的角度出发努力倡导发展节约型社会,并不断实施诸如保护耕地、推进科学技术发展,鼓励节约资源新型技术专利、改进体制、提高效率等相应措施。同时,个人也应当本着对家庭和个人负责的态度,树立保持节约意识,逐步形成一种节约型的理财理念。

常常有这样的情况:很多职场白领收入可观,生活过得风光潇洒,年底一算账,手头上可支配的现金竟没有存下多少,甚至还有"年光族"。一个非常重要的原因就是多数年轻人缺少节俭意识,花钱大手大脚,理财也没有规划性。相比之下,我们的祖辈父辈大多收入一般,但他们生活节俭懂得理财,几十年下来积蓄颇多。

地球另一端的欧美国家,美国人"寅吃卯粮"导致爆发了严重的次贷危机,进而演变成金融危机,经济陷入低谷,不仅害了自己,还连累了世界经济。如今，消费主义浪潮盛行影响到不少中国人，很多人的某些消费其实并不是生活需要，仅仅是为了满足一种心理欲望或者说虚荣心。而超过自己经济能力范围的消费膨胀，必然损伤正常的财务收支平衡。有数据显示，有不健康消费习惯的白领占70%，其主要表现就是平常所说的"月光"，如果家庭的各种消费支出过多，就可能没有更多的闲钱用来投资，也就不能实现家庭资产的有效增值，迈入小康生活的步子就慢了。要想改变这种现状，就要对生活有所规划，最好将每月的日常消费开支分为基本生活花费、必要生活开支和额外生活费用三个项目，养成随手记账的好习惯，这样做有助于理清家庭的日常花费，减少不必要的开支，做到节流，从而积攒更多的现金用于其他投资理财项目。

当前金融危机肆虐，通货膨胀猛如虎，不少企业也面临裁员甚至倒闭，饭碗朝不保夕，昨日看起来还风光无限的白领们，有可能会第二天就突然失去工作断了经济来源。人无远虑，必有近忧，所以从长远来看，要想轻松应对经济危机带来的潜在的个人风险，就得从现在做起奉行节约的价值观，保持健康消费的生活习惯。

于是，一些人未雨绸缪，开始选择另外一种活法，开始崇尚新节俭主义。新节俭主义源于摈弃过分华丽的修饰和各种琐碎的功能，强调简约之美来疏导世俗生活。极尽奢华之后开始返璞归真。当膨胀的欲望再也无法满足人心后便开始消退，直到反行其道把所有多余的东西都舍弃。节俭是一种美德，我们现在已经将地球本有的资源消耗得太多太多，繁杂琐屑的欲望已经将人们的精力耗尽，于是我们又重拾起曾经的传统美德，开始崇尚简朴的生活。

过去的生活物质贫乏，生活资源少，人们穷怕了，所以要节约每一滴水、每一度电，一件衣服恨不能"新三年，旧三年，缝缝补补又三年"，一分钱恨不得掰开几瓣花。而现在的节俭是对奢侈浪费生活的反拨,是追求简约的时尚感,是尝试在快节奏的生活中以消减繁复琐碎来简化自己、追求轻松生活的态度。

新节俭主义摒弃的是对金钱和物质的过度挥霍和浪费。面对诱惑繁多的物质生活不为所动,不随波逐流,而是更理性地安排生活,热爱生活。每天乘坐公交地铁可以更直接的去观察身边的人;选择徒步旅行的度假方式,用心体验旅途的过程和细节,这是一种生活的姿态,同时也是一种享受。

新节俭主义崇尚简单生活,但不是以降低生活品质,削减生活中的充实内容为代价,而是去掉无谓的繁杂,体现出本真的生活。不奢华,不繁复,只要简单,一切从简,就是一种快乐,一种轻松。

勿以恶小而为之,勿以善小而不为。生活中不需要刻意节俭,可以节约之处俯首即是,其实节约就在我们日常的小动作中:洗澡抹沐浴露时关掉水龙头,洗一次澡就可能节约 50 升水;用杯子接水刷牙,一次只需要 0.5 升水,而如果任由水龙头开着,5 分钟就要白白流掉 45 升水,等等。新节俭主义是一种积极的生活态度,是人类文明进步的一种体现。其实,纵观整个人类的发展史,就是一部去粗取精,逐步剥离粗放发展方式,寻求更合理、更节约、更和谐、更符合生态文明可持续发展方式的历史。

节俭是一种美德,需要我们重新发扬好传统。

节俭对女人们来说好像很难,她们总是被时尚所左右着,可时尚总在不断地变化,无论你怎样努力跟随,也很难跟得上潮流。崇尚华丽之美的女孩们,她们希望直接引领潮流,于是认为自己的收藏中永远少了件最重要的装饰,永远在追赶、在跟随,但她们永远无法跻身主流世界,永远被现实所困。可总有些聪颖的新节俭主义者不用成天买衣服、成天忙打扮，也能永远捕捉住时尚的元素。可以经典，可以复古，也可以展示DIY的与众不同。其实节俭就这么简单，是生活的原则，也是时尚。

人们常常有这样的误解：所谓理财不就是钱生钱，就是投资赚钱嘛。这其实是一种狭隘的、形而上的理财观念，并不能达到理财的最终目的。理财是巧用、善用钱财，使个人以及家庭的经济状况处于最佳状态。如何牢牢把握每一次投资赚钱机会，如何更好地利用每一分钱，这是一门学问。理财是一种智慧，是一个不断学习提升的过程，理财是一种生活，在实践中体味理财的快乐。理财不仅是对个人资产的管理，更是一种对生活的态度。钱是一点一滴理出来的，快乐是在平淡生活中挖掘出来的！

学会理财，是一种自我满足，也是获得幸福的途径之一。在很多年轻人的观念里，幸福来自于对生活质量的需要和追求。于是，新贫族追求快乐至上，活着的意义是享受；理性族更加求稳，活着必须要有安全保障；知本族不断挑战创业，活着就要活出新意和精彩。

新贫族：新贫族不是真的没钱。他们受现代消费观念的影响，尽自己所能地享受生活。这些人大都是白领或金领，有着高学历、体面的工作，可观的收入。但是他们钱财大部分都用于运动、旅游等娱乐休闲方面。他们工作时很卖力，同样消费时也很努力。他们疼爱自己，注重生活的舒适，了解潮流动态并趋之若鹜，乐于在不一样的风景中体味生命的美好。

理性族：应该怎么处理收入与支出的关系呢？理财专家建议：把月收入一分为三，其中三分之一用来储蓄，三分之一用来消费，三分之一用来投资。理性族能比较好的掌握收入分配度，他们往往能有效地按这个比例进行储蓄、投资和消费，生活一般过得游刃有余，理性族对储蓄和消费技巧的研究也让他们的收入稳中有升。理财不是吝啬，不是守财奴，但是消费也不必铺陈虚荣。活得实实在在就好，这是理性族对于理财达成的共识。

知本族：知本族有较高的收入，经济来源较多，属于高学历高收入一族。但是他们大部分都很质朴，把精力都放在创新上。他们有一套自己的独特也有风险的理财计划——"创业投资"。他们用知识风暴盘活资金，将钱财再放回到市场中，凭借一双洞察市场的慧眼和实干精神自己当老板，让钱生的更快。其实，知本族享受的更是赚钱的快乐和成就。

第四节　专家给你的理财变奏曲

曾看过一篇教年轻女性理财的文章，作者在序言中有句很耐人寻味的话：现在的行动决定你退休以后是去瑞士滑雪，还是待在家里看儿媳的脸色。

年轻人尤其是一些挣钱比较容易的高知人士往往对钱毫无概念，花钱没有计划没有节制，有时候也不会拉下面子讲价，或者琢磨窍门省钱。所以钱来得快，去得也快，来去匆匆，到头来钱从手中过，没留下半点。

年轻人该怎么理财？这是很多人关心的问题。刚毕业走上工作岗位的年轻人,由于自身积累有限,收入不理想,而当下和未来需要支出的项目却非常多,未来充满了各种挑战,所以有必要趁年轻对人生的旅程做一个合理的设计和规划,那就从为自己做一个合理的理财规划开始吧。理财专家们根据年轻人的经济现状、生活目标以及人生阶段等实际问题,给出几条理财规划建议。

第1步:下定决心管好钱财

很多人对理财有误区,认为理财就是不花钱少花钱,一想到理财就会联想到压低消费,降低生活乐趣与质量。对于爱玩喜欢享受的人来说,不由自主会抵触理财,认为年轻就应该乐得逍遥,理财是成家立业后的事儿。其实非也,我们都知道"钱能生钱"的道理,钱追钱总会比人追钱来得更快更便捷。要想钱追钱首先要拥有"第一桶金"作为母钱,然后用母钱生钱子钱孙。但是这"第一桶金"从哪里来呢?当然要自己从生活中把钱省出来呀!当我们面对诱惑控制不住花钱的欲望,一次次为一时痛快而错过积攒"第一桶金"最好的时机时,我们也把自己的可靠财路断送了。所以只有先下定决心管好钱财,捂紧口袋,才是迈向成功理财的第一步。

第2步:时时记账,控制花销

下定决心要管好钱财了,接着该怎么做呢?其实很简单,记账。在现代人眼中,"月光族"早不是什么新鲜词了,甚至有的可能半月就开始口袋空空了。花花世界五彩斑斓,生活中的诱惑实在太多,时尚的服饰、不断更新换代的数码设备抑或令人口水直流的美食,都是在引诱你不由自主掏空自己的钱包。本来赚钱就不多,几次消费下来,不知不觉中,一个月的工资就不见了踪影,花在什么地方却不知道。事后又非常懊恼,不知如何下手。不要紧,从现在开始准备一个账本吧,看着账面上花钱如流水的惨状你绝对会大吃一惊,无比震撼,继而心存忏悔,恨自己花钱没有节制。下一次准备为一个可有可无的物品掏钱时,肯定会想想该不该呢! 记账可以帮助有乱花钱坏习惯的人逐步有意识自我控制,减少不必要的开销,增加结余,为进一步的理财做好准备。

第 3 步:天天攒钱,少花钱积累财富

财富不是从天上掉下来的,除了努力工作扩大收入来源,剩下就得慢慢攒钱了,攒钱是理财的基础。你每个月都有余钱可攒吗? 如果没有,那么就从现在开始学会攒钱吧。憋着不消费是不容易的,因此对不善攒钱的年轻人来说,强迫储蓄是起步攒钱的最好方法,比如每月可以强制自己积攒 300 元,一年攒 3600 元,然后第二年每个月再增加 200元,就是一年 6000 元,加上第一年的钱就将近一万元了。这样一直坚持下去,五年以后就可以自己攒下一笔不小的资金,完全可以算作人生的第一桶金。而且,每月节省出 300 元并不是大难事,稍微少买件衣服,少两次饭局就出来了,对日常生活的影响并不会很明显,以此类推第二年可能收入再增加,而每月再减少 200 元也一般感觉不出有什么生活影响,但是存起来的钱却是实实在在的。

第4步：理性投资，让钱生钱

对于刚开始理财本金又不是很多的人来说，基金定投是比较合适的投资方式。每个月可以拿出几百元，跟银行签订一个基金扣款协议，在不影响自己生活质量的情况下不知不觉给自己积累了一笔财富。购买保险也是一种投资方式，用15年、20年或甚至更长的时间来支付，在最能赚钱的时候及早承担起这个"负担"，其实是在进行一个稳健的投资规划，也为自己的日后养老等问题提供了保障。当你更富裕了，手里闲钱更多了，抗风险能力更强了，就可以考虑房产、黄金等大宗投资或者银行推出的其他理财产品。年轻就是最大的资本，有时间和能力去赚更多的钱，所以不惧怕风险。目前国内理财投资产品品种非常多，针对的人群和经济环境也不一样，可以根据自己的喜好及个人实际情况进行理财。总之，本着对自己负责的态度，理财是一个很好的习惯，更是每个社会新鲜人生活学习工作的必修课，与其浑浑噩噩得混日子，不如多学几招理财投资，或许自己的财务状况会随之大大改变。

千万记住！个人理财并没有一个放之四海而皆准的固定模式，每个人每个阶段人生各不同，情况在变化，理财目标和策略也要随时调整，另外，理财策略要充分考虑国家的经济发展和策略走向。总而言之，理财青睐脑子灵光的人，千万别死脑筋哦。

第二章

做一个精打细算的账客

"你赚的钱不是你的钱,你存的钱才是你的钱。"这是一些记账网站的宣传语。现在,过日子记账不再是中老年人的"专利",花钱总比赚钱快,物价总是比工资涨得快的窘状让更多年轻月光族和生活压力沉重的白领们开始寻求"生存突围"的最佳方式,他们不约而同地加入了"账客一族"。不管是传统纸笔记账还是电脑在线记账都被人们重新追捧起来。

第一节　不记不知道,记账好处多

你是还在上大学的学生,还是刚刚参加工作的半月光族？或者你正在初建事业,还需要经常借贷？也或者你是家庭主妇兼超级购物狂？

你有没有经常将信用卡刷爆的经历？有没有被称作房奴加车奴加孩奴的综合者"白奴"？有没有觉得除了工资不涨什么都在暴涨？有没有每次出血大扫货后都会有点内疚下决心以后要省钱？有没有想到要存钱为自己攒第一桶金呢？有没有正在计划跳槽、结婚或者生 baby？

如果以上的任何一点你的回答是肯定的话,证明你要开始记账啦。

老话说得好:"吃不穷,穿不穷,算计不到就受穷"。一直想省钱却不知如何下手,很多人都有这样的困惑。如果想知道自己的钱怎么来的怎么去的,掌握自己的财务状况,记账或许是一个很好的实用方法。通过记账可以了解自己的收入水平、收入方式、消费项目,把一段时间的收支情况列表化,一目了然,这样就可以清楚明了的知道自己的财物收支现状,审视日常消费合理与否,避免无谓的花费,并随时调整自己的支出情况以平衡自己的收入。

要想成为有钱人,首先要明白,罗马不是一天建成的,富足不是一天形成的,一夜暴富的机率跟买彩票中五百万差不多,所以还是沉下心长期一点点积累吧。每天记账就能让我们养成一个好习惯，它是生活致富的第一步。正所谓穷则思变，变则通，通则达。了解自己的窘境正是思变的前提，反省和起步的开始，记账可担当此责任。随着物质财富的积累和丰富，越来越多的人都已意识到理财规划的重要性，但他们又不知从何下手，该如何合理做好理财规划。如果真的不知道该怎么做，那就从记账开始吧！

清楚记录自己每天每周每月的收支情况，达到能衡量个人财务状况为标准，能够衡量就必然能够了解自己目前的财富水平，能够了解就必然能够改变存不下钱的境况。因此，在理财之初，详细、明了的记录自己的收支状况是十分必要的，不要遗漏，不要人为增加或减少，逐一记录每一笔收入和开销，并在月底做一次汇总，久而久之，就对自己的财务状况了如指掌了。一份好的记录可以让你衡量当下的经济地位，只有如此，才能有效改变不合理的理财行为，衡量接近目标所取得的进步。

记账看似是有些琐碎的生活习惯，但坚持下去就可以每月帮你砍掉不少不必要开支，相反，如果你不记账而随手乱花钱，就永远困惑于为什么每个月的钱都不够花，甚至还不到月底银行卡就空了，那么你永远是个贫困户，攒不出第一桶金。记账还可以帮助你分析、了解哪些支出是必需的，哪些支出是可有可无的，从而更合理地安排支出。月光族们如果能够学会记账，相信每月月底，也就不会再度日如年了。唯有清楚自己的辛苦钱流向哪里了，该不该花出去，确切地掌握支出，才能改掉坏毛病，延续好习惯。如果没有基本收支信息，搞不清楚该在什么地方花钱，什么地方不该花钱，不知如何合理安排钱财的使用，也就不能在花费上做出合理的改变。

记账只是起步，是为了更好地做好预算。由于家庭经济来源基本固定,收入数目变动不大,因此家庭预算的主要工作是做好支出预算。支出预算分为可控预算和不可控预算,不可控预算包括房贷利息、公用事业费等,这些花费很难减少或去掉,而每月的日常家用开销、交际、交通等费用则是可以掌控的。有理财专家说,其实每个人对自己家庭在某一固定时间内的支出都有大概的估算,但如果没有记账并控管支出的金额,很多人到了月底会发觉支出往往比预想的多很多。如果想节流,就必须从可控预算入手,对这些支出好好计划,合理地花钱,使每月可用于投资的节余稳定在同一水平,才能快捷高效地实现理财目标。

记账可以改善消费习惯。通过记账了解自己每天各方面的支出,不会出现想用钱时却发现囊中羞涩,不知道钱花哪里去的窘境。除了每天详细记录当日支出外,最好还要养成固定时间集中整理的习惯,分类分批的找出挥霍源头。知道自己哪些是非必要花费,改善消费习惯,经过一段时间的积累,必将会有更多的钱可以用来实现自己的理财规划。

很多花钱习惯大手大脚的人都认为自己每月没有超支就已经非常不错了,还谈什么结余,存款。试试这样每个月先把贷款、饭费、交通通讯费,水电网费作为固定支出扣除,剩下的钱用于各种临时消费项目支出,尽量缩减控制这部分支出,也许就会慢慢存下钱来。

回想一下,你是否有这样的经历:在记账理财之前,沉迷于商场或者淘宝网的各种打折优惠活动,其实也许你只是想买双袜子,最后却禁不住低折扣的诱惑,像捡大白菜一样豪爽的刷卡,买下一堆可能回家就得束之高阁的衣物;或者出门经常以车代步,不是公交车和地铁,而是出租车。记账之后就会对每次消费行为都考虑一番,每次做月末和年末总结的时候必然会进行一番反思,一直坚持,到以后消费前的犹豫盘算已经成了一种习惯。面对种种诱惑不着急出手而是深思熟虑做出取舍,最后总会有意想不到的收获。

你还没有记账吗？那就从现在开始吧，省钱永远不嫌晚。不再月光，不再欠债。一个动作坚持重复三周以上，就会成为一种习惯；继续坚持重复三个月以上，就逐渐内化成为你的一个稳定习惯，记账也是如此。所以，建议你，要想管理自己的财政情况，第一步就是要记账，并把它培养为一种你的生活习惯。

理财是为了什么？理财最终是为实现人生的美好目标和愿望。人的欲望是无穷的，多种多样的，但不管社会还是个人可利用的资源却是有限的。如今，记账已成为一种时尚。

一些记账网站纷纷打出了宣传语，如"你赚的钱不是你的钱，你存的钱才是你的钱"。现在，过日子记账不再是中老年人的"专利"，花钱总比赚钱快，物价总比工资涨得快，这样的窘况让越来越多的年轻月光族和生活压力较大的白领们纷纷开始寻求"生存突围"的最佳方式，他们不约而同地加入了"账客一族"。不管是传统纸笔记账还是电脑在线记账都被人们重新追捧起来。

在一些网站上，有网友还通过网络日志方式记账，并跟其他网友互换居家过日子的省钱方法窍门。他们通过"晒"花销，交流理财困惑等方式，逐渐改掉随意消费的坏习惯。也有相当数量的人还通过一些专业记账软件将某段时间的家庭财务收支数据制作成财务分析图表，以此研究自己的财务情况是否合理，并为以后的个人理财制定相应规划。

据粗略统计，我国目前"账客"的人数保有量在千万以上。淘宝网曾针对其会员做过调查分析，其中有60%的会员有记账需求。不管是单机版记账软件还是在线记账网站，用户群都在以两位以上的数字迅猛向前发展。

据悉,这个快速增加的庞大群体主要成员集中在 25 至 35 岁之间的青年白领中,他们往往刚毕业、刚买房、刚结婚、刚生孩子等,收入来源稳定且单一,但是上有老下有小而且对外部经济环境的依靠性比较大。这部分人肩负着生活压力和社会重担,所以有较强烈的记账理财需求。传统观念里,专心负责柴米油盐这些鸡毛蒜皮的记账事好像大多是女性。然而,相关数据显示,在网络记账网站中,男性账客会员却比女性账客略多。据某网站统计,其男性会员目前约占总会员数的 55%,比女性数量高 10 个百分点左右。一些调查发现,男性更乐意去规划自己的生活和收支,与女性感性消费为主不同,他们属于理性消费者,同时,日益加重的社会竞争等外部因素使得男性的生活和精神压力比女性更大,所以他们的记账理财需求和欲望更为明显强烈。

理财专家认为,理财是每个人都应该尽量做到的,尤其是低收入人群更要具备理财观念并付诸实践,不着手理财,不多的辛苦钱就会悄悄跑了,很难进行有效的资本积累。在暂时没有办法"开源"的前提下,"节流"就是最好的理财攒钱办法。

传统的记账方式好还是网络记账好?

传统的纸笔记账理财方式更多强调的是"省钱",网络记账则多了份交流探讨,以及对记账意义的重新认识。账客们认为省钱只是记账的直接结果,而其最重要的目的是为了提升生活品质。他们通过记账、晒账,以及交流学习,寻找到省钱和提高生活质量的平衡点,于是有人提出了"记账就是记人生"的理财新观念。

其实,甭管以什么方式记账,只要能够省钱,记得方便有意义,并活得快乐,有意义就够了。现在生活本来就够纠结了,何必在这些细枝末节上计较呢。

记账贵在坚持。

曾有报道说有人坚持记账几十年,把生活打理的井井有条。现在就业生活压力大、通货膨胀、物价飞涨工资却停滞不前等种种原因,迫使不少人加入了记账大军,建立自己的账本每天坚持记账,希望通过这种方式掌握自己花钱的流向。俗话说:你不理财,财不理你。很多人看了理财方面的书籍或经济类节目后,一时心血来潮,也都想跟着记账、建立家庭理财规划,一时间,各种单机版记账软件、记账网站如雨后春笋般蜂拥而起,大家一哄而上,以建立个人记账账单为风尚。但是有的人只是赶潮流并不是为了理财,所以坚持几周甚至几天,新鲜劲儿一过就以各种理由放弃了。有人觉得记账太千篇一律了,每天的支出都大致差不多,记起来意思不大。有人不敢正视自己花钱如流水的惨不忍睹,所以宁愿选择继续过着无意识用钱的生活。

其实,记账是比较简单的一个动作,关键是持久。记账的目的不是为了让自己心惊肉跳,也不是为了赶时髦,而是通过记录每日的收支情况,对自己某段时间的经济情况有一定了解,并做好个人理财和长远规划。

因此,记账贵在坚持。既然开始了,就一定要坚持一段时间,对自己才有效果。其实记账是琐事中的琐事,却成了过日子不可或缺的内容,割不了,舍不下。记账也是在记录自己的生活,是吧! 接下来的篇章,将为你分别介绍一些传统记账和网络记账的方法。

第二节　传统记账掌握财富流向

钱是挣出来的还是省出来的？俗话说"开源节流"，因此挣钱重要，省钱也非常重要。我们老一辈人就非常注意节流，几乎家家都有记账本，一页页纸上密密麻麻记满了日常收支开销。

小林的母亲是淄博电厂的退休职工，原来一直负责财务工作，对记账理财非常有心得。母亲从上世纪70年代起就开始了家庭记账生活，从简单的作业本到笔记本已经攒下一厚摞，早期的账本已经破旧发黄。40年不间断地记账让小林一家的日常生活开支梳理得井井有条，并攒下一定的积蓄。靠着对有限收入的精打细算，父母赞助小林前段时间买了一套房子作为婚房。受母亲的影响，如今，小林两口子也自然而然过起了记账生活，并真切感受到记账对生活的好处。对于记账的好处，小林总结为：明白花钱、合理规划、定时汇总、克制冲动。

现在年轻人在生活中总是会与数字打交道，写数字、看数字、分析数字。在下班的空闲中，用数字记录生活中的点滴也是一种活法。数字反映出来的内容让人看到的是充实的生活，踏实的日子，这就是记账的愉悦感。有些人很小就有记账的习惯，从自己拥有零花钱开始，总有个精致的小账本在身边，记录收到多少压岁钱和零花钱，家里给的钱花到哪儿了。参加工作后，记账内容则变成自己的收入，自己消费多少，用在什么地方，给了父母多少，可以节省多少，定期为自己做一个消费统计单，对自己手中的资金流动状况一目了然，也是给自己一个交代，对自己一段时期的生活有个总结。

结婚成家后，多了个人挣钱，生活来源多了，同时也多了个人花钱，消费的项目也多了起来，开门七件事，几乎时时刻刻都得花钱，记账也成了必须的行为。刚结婚的前几年，现实问题浮出水面，双方的成长环境、生活习惯、花钱的习惯等都有不同，对钱的支配想法当然也不同，包括吃穿住用行、孝敬父母等方面都多少会产生些分歧。还好有记账的习惯，两人对不上账目了，拿出账本一看就能知道钱到底怎么花了。清官难理家务事，但是有了账本，生活就会变得清晰明朗，矛盾就更少了，夫妻在不断磨合中相互理解包容，生活越来越融洽。

记账中有很多的技巧，也有很多方法，因人而异。

一、教你几招传统记账的技巧

1. 概略记录记账法

日常生活中的花费是相当琐碎的，能够逐项记录当然最好，不过如果嫌记账太过零碎，要耗费很长的记录时间，也可以仅记录大略支出，不必非精确到小数点三位以后。例如，一日三餐的总花费是 50 元，那么，一个月的伙食费即可记录为 1500 元（50×30＝1500）。其他支出项目也可比照这种做法记录，例如贷款、水电费、上网费等，简化记账的名录，记录重点，就容易养成习惯维持下去。这种方法记账比较快，也容易计算，对于时间紧或没有耐心的你是最适合的，不过要在账本上记清楚具体开销,就别记得太乱太简单以至于自己都看不明白哦。

2.分门别类记账法

也就是流水账般的对每项消费一五一十逐条记载,后面最重要的工作就是分类。每日开销的账目可以在纸上临时记录,等有时间再分门别类用表格等方式整理出来,至于统计和计算,可以借助电脑或计算器。将账目总结分类的工作不用天天都做,每个月用一天调节处理就可以了。在月初或月底,也可以在发工资的当天,把上个月的收入与开支做个总的整理,同时也可估算下一个月的开支预算。

3.信封记账法

这是最值得向大学生或者刚毕业的你推荐的一种记账形式。所谓的"信封记账法"就是把每月的消费预算分为很多信封来执行,在每月对收入进行消费分配的时候,可以自我规划将可能产生的费用分配到多个信封里,包括储蓄信封、日常消费信封、房租信封、房贷信封等,每次支出的同时在信封上记录流水账,单项费用超支从其他费用信封中支出,储蓄信封尽量少动,一直保持至养成习惯不用储蓄信封为止。

4.定额记账

现在的家庭记账一般都是"流水账",其实这是一种比较消极的事后理财态度,如果大手大脚,只有到结算时才会切实的看到,让自己大吃一惊。那么,到底要怎样记账才能起到积极的指导作用呢?"定额记账法",不妨试一试,现在的家庭常用的"流水账"记账法其实就是一种定额记账,不过是按照月收入而进行的月定额。但目前大部分家庭消费的基本时间单位并不是月,而是天,所以如果在月底结算对家庭消费实际的控制力不大,定额记账的初衷也就没有体现出来。如果把定额放在每天必须的支出上,就会有另一种景象了。

定额记账要求在扣除各项必要的费用之后,确定出本月的闲杂生活费用预算,然后算出每天的平均定额数目。在记账的时候,不但要把日常支出记录清楚,而且要把每天的支出与日定额费用之间的差额累加到下一天的平均定额上。这样在账面上出现的数字,不但能告诉我们已经花费了多少,而且还能够告诉我们可以花费多少。这种方式记账就可以避免家庭消费记录上的盲目性,能把浪费和节约的情况第一时间反映出来,提醒记录者如何调整出合理的消费细则。

"三栏式"记账法示例

日　　期	收　　入	支　　出	结　　余
9 月 1 日			
9 月 5 日			
9 月 12 日			
9 月 20 日			
……			
9 月 31 日	收入××元	支出合计××元	××元

如果是刚开始记账,你确实会被这项繁复的工作所恼,记账复杂到让人没有信心继续持续下去。很多人刚开始记账时,都是花了钱就拿出记账本记录,生怕漏记了哪一笔,结果把自己搞得紧张兮兮。其实记账的时间长了,慢慢就能琢磨出记账的诀窍。如,花钱的时候别忘记索要发票或收据;在每天闲暇的时候或睡觉之前结算一次,这样就不会因为每次花钱都要拿出小本本来记录而感到麻烦了。

另外,只单纯记录每天琐碎的消费项目是不够的,我们记账的目的是从所记载的消费名录中分析出怎样才能够为自己省钱。从收入角度入手,再想想有没有增加其他收入的可能性;从支出角度入手,审视自己花的钱是属于冲动消费还是完全有必要的。所以,要经常翻翻账本,时不时进行自我审视和检讨。

对家庭收支信息记录的分析,可以根据实际情况不断改变适合自己的消费方式,发现日常生活的支出中多了什么、少了什么,是否合理,以便及时调整,保证自己和家人的正常健康生活。另外,还可以看看近段时间是否减少了会友、运动,与亲人团聚等对健康和人际关系有帮助的活动,如果是,放松点,赶紧再重新规划一下,别让钱把生活的乐趣偷走了。

二、传统纸笔记账的优劣比

传统纸笔记账方式比较简单实用,而且携带方便,可以随用随记。账本不占地方,放在哪里都可以,便于保存,想查账的时候随手翻阅一目了然。记账时有些不必要的开销特别做个记号,下次翻很容易看到并记住,这样相同的错误是不可以再犯的。闲暇的时候把以前的账本拿出来翻翻看看,会让你回想起许多难忘的往事,也是一份记忆。

不过,传统纸笔记账也有软肋。它不像网络记账可以随时备份,它不可复制,仅此一本,要是不小心搞丢就麻烦了。为了避免丢失找不回,可以在封面上留下电话号码、姓名等联系方式。账本不易保存,容易破损。地球人都知道,纸张容易泛黄氧化不容易保存,有时候倒霉再碰上个小虫子把关键地方咬个洞,伤心死了。纸笔记账方式算账也很麻烦,尤其是有分分角角的零钱或者月末算总账的时候,没有计算器特别容易出错,其实有计算器一不留神也会算错。不像电脑上或者记账软件之类的还会自动统计分析,所以,如果选择纸笔记账,一定要足够细心哦。而且小账本毕竟是自己的隐私,传统纸笔记账如果收藏不好就可能被别人看到。

传统纸笔记账小贴士:

1. 记账要有条理,最好都记在一个本子上而且用表格形式,一目了然,否则记得乱七八糟,最后连自己都看不懂了可咋办!

2. 记账时,可以对今天该买的,买贵了的等重要总结性信息进行重点标注,这样印象比较深刻,下次估计不会再犯了。

3. 记账,更要总结、分析,写在记账本上。

第三节　网络小账本风靡的秘密

传统的纸加笔的小账本已经逐渐成为历史,现在是讲究高效率的社会,很多人自然不会正经八百地买个账簿来手写。如今,网上记账以其便捷、互动性强等特点博得许多职场新人,甚至是生活压力渐重的白领、金领的青睐,年轻的职场精英们精打细算地用电脑网络记账。在网络上拥有电子账本,并且坚持每日记账的网民群体被称为"账客",大家借助网上记账科学合理地规划开支。一位"账客"这样说:"其实,我们记账不仅仅为了省钱,更希望在省钱和保持生活质量中寻找一个最佳平衡点,砍掉不合理消费,开源节流,合理规划自己的钱财。"

在某搜索引擎搜索"记账生活"得到约一百二十万条相关结果,相当数量的是为"账客"提供在线记账平台并给予财务分析的网页。可见如今网络记账人群的庞大程度。某"账客"晒出的九月收支清单为：生活费300元、水果零食100元、在外就餐160元、服装费300元、手机费50元、人情费600元、水费25元、生活用品35元，其他300元等，一个月预算合计2100元。显示为比上月超支若干，原因是表妹要去上大学了，还有个关系不错的同事结婚。自己总结为：不可抗力造成，表示下月再接再厉，实施省钱规划。

大多数人对自己的资金流向无法做到心中有数，记账是理财的第一步。通过网上记账，不少"账客"在观念或者经济行为上产生一些转变：一是重新认识理财，积极理财的意识更加强烈，二是消费理念逐步理性，变得更加节俭；三是对生活有了更多认识，更注重规划未来。另外，还可以通过网上记账活动结识"账友"，相互学习和监督，一起分享各种省钱和理财之道，总结出哪些钱该花哪些钱不该花，也是做网络账客的意外收获。

对于网上记账这一潮流，大部分理财专家持肯定态度。一位教授认为，专业记账网站的红火有助于引导社会中坚阶层的理性消费，倡导合理安排收支，是值得提倡的。他同时也提醒账客们，在享受网络记账便捷快乐的同时，一定要注意保护自己的个人信息安全，不要轻易发布自己的姓名、手机号码、身份证号码、工作单位、银行账户等重要信息，同时一些涉及隐私的敏感收支项目最好不要公开。

实践证明，积极认真记账的账客对消费理财普遍发生了很大的转变：变得更节省，在消费之前会重新考虑其消费行为的价值，合理安排自己的物质消费与精神享受，他们会自觉进一步加强理财知识的学习，将存下来的钱进行再投资。

第二章　做一个精打细算的账客

一、记账软件随便挑

记账软件把人们从烦琐的纸质账簿中部分地解脱出来，代之以更容易管理的电脑程序，随时都能记，不用非得在一台电脑上才能用，数据也都在网络上存着，不用担心会丢失。犯懒、怕麻烦的记账族们可以试试。

现在市场上有很多免费的家庭理财软件，它们帮助用户自动整理家庭收支数据，可以实现家庭理财规划的功能。现在每个家庭都有电脑，因此用计算机理财就成为理财发展方便快捷的一个方向。

一般来说，现在的记账软件在保留记账式功能的同时还有其他辅助理财功能，如管理网络账务、基金和外汇等，还可能提供更多的证券、银行、保险理财信息，同时管理和掌握外汇的买卖情况。

市场上目前家庭记账软件主要有两类：一是简单的记账本，主要用于现金收支记账，可以产生简单的收支统计图表；二是较高级的理财软件，能产生较复杂的理财图表，还可以进行资产、负债等复杂项目管理，协助制定理财计划，进行理财预算、决算。这些软件共同的特点是单式会计，一般采取收付或增减单式记账法，仅能满足家庭理财需要。

下面介绍目前比较常用的网上个人记账理财软件。

最简单的电脑记账方式：EXCLE 表格，如果家里的账简单，你又不想搞得那么麻烦，可以用这个。

"家财通"免费版：不用花钱而且功能强大，需要从网站下载安装软件，数据备份在电脑的硬盘上，只要你的电脑硬盘不出毛病，一般不用担心数据丢失问题，用的人比较多。

"财客"：一个在线记账网站，它的记账软件也很出名，免费的，如果在线记账的话不用下载安装，只要注册登陆就可以用了。基本功能都很全，而且界面比较干净清爽。

其他记账软件：财智理财、账族、熊猫记账、星宇记账软件、金蝶。基本功能大同小异，看个人喜好。不过有的免费，有的要收费，一般个人财务没那么复杂的话，尽量挑免费的用，这也是一种省钱嘛！

二、热门记账网站推荐

在搜索引擎里输入"记账网站"，会查找出来一堆各种各样的记账网站，足以让你眼花缭乱，看花了眼。其实大大小小的记账网站都是大同小异，原理也大致相似，注册登录后出现一个记账的页面，里面详细分了很多条目，大致包括记账时间、现金数额、储蓄卡金额，信用卡金额等。还有收入和支出条目，每一条目之下又可以细分为具体的分类，可以对分类名称进行自定义，并可做详细的说明和备注。这些内容基本上所有记账网站都会有，而且形式差不多，可以根据自己的喜好来选择。

所谓术业有专攻，不同记账网站提供的服务类别，面向的对象不尽相同。据观察，目前账客最集中的一些记账网站，虽然基本功能没有多大差别，但在细节功能上还是有所区分的，或者重点提供专业理财服务，或者注重记账理财分享互动，或者侧重个人消费行为分析，或者重点提供家庭消费预算咨询。有些记账网站还提供了手机记账、短信记账等更便捷的记账功能服务。

记账网站大都设计较为灵活和人性化，既有供账客们记账用的专门区域，也有可网友们分享消费体会、交流记账心得、互相提供省钱妙招的互动区。同样，网友对记录的账目可选择公开，也可以选择私密隐藏。

通过电脑网络记录自己的账目情况，可以帮助个人、家庭甚至公司合理有效地记账和理财，与普通的理财软件相比，在线记账可以存储更多的数据，记录方式也更灵活方便，在这些方面有着更大的包容性和独特的优势，可以发挥更加强大的功能。

这些网上账本都有每天自动统计的功能和很大的数据分析能力，还非常人性化的增加了数据导出功能、消费计划功能。比方说可以将每月、每周、每天的固定开支，例如工资收入、房租费用、上下班车费等设为自动记账功能等。有些网站甚至开通了手机记账功能，随时随地手指一动，非常方便，就让网络记账没有那么多的限制了。

记账网站基本上分为这么几类：

1. 封闭式的记账网站，所有账目都是隐私的，保密性比较强，但是同时也看不到别人的账目情况，少了互动参考。

2. 以记账为主要内容的社区网站，通常会提供日常记账、日志、照片分享等附加功能，可以公开账目，也可以看到别人是怎么花钱记账的。更重要的，网友间可以互相交流分享省钱、理财经验等常用信息和心得。

3. 记账潮兴起，很多综合门户网站也推出了相关功能，尤其是一些SNS 网站，如人人网的记账插件，聚合性比较强，但是往往比较简单，功能不够强大。

下面推荐几个比较热门的记账网站：

1. http://mymoney. myqueue. net　MYMONEY 家庭理财记账网站

注册登录网站后，进入"记账"频道，系统设置了"收支科目管理"、"日常收支流水"、"收支计划管理"、"收支统计分析"等栏目，你可以对这些栏目进行自定义设置，系统会自动生成一些统计结论供参考，使用起来比较方便。在理财论坛里，还可以分享其他人的理财心得或者咨询相关问题,肯定会有热心网友帮你解答。

2. www.coko365.com,财客在线网站

这也是一个免费的网络记账网站,进入网站后,可以看到"统计分析"、"记账"、"系统设置"、"计划安排"等,每个栏目还统领一些子栏目。在记账图表中输入数字后,就能自动生成相关的统计数据和表格,随时提醒收支情况。财客在线人气比较旺,具有数据导出功能,用户记账情况以 EXCEL 的形式下载存储到电脑的硬盘上以便备份。

3. www.keepbalance.net 开普蓝个人事务处理网

严格来说,它是一个个人信息服务性质的网站。除记账功能外,还有网络日记、人际关系、投资管理等其他功能。

4. www.qianbao.com 钱包网

特点是界面比较友好,设置也比较简单,而且有视频演示,此网站记账单的类别设置也很有趣,只分为"挣了"、"花了"两类,另外网页还有"日志"功能。除了记账外,网友们还可以到社区和志趣相投的人交流花钱或挣钱的体验。

三、网络记账的优劣比

网上记账非常方便,数据清晰一目了然,功能强大的网站还会提供数据分析及理财建议等功能。而且现在网上记账是种时尚和潮流,现在很多网站开始增加手机记账功能,这样在线记账的便捷性就更加突出了,随着网络的普及,网上记账也是发展的趋势。

网上记账最大的问题是个人信息的保护,虽然各网站都声明要保护个人隐私,但是要知道现在的黑客更厉害,他们编个病毒一攻击,有的软

件或网站就瘫痪了，而且难保一些网站不会昧着良心把客户资料贩卖给一些商家，所以存在着安全隐患。出门在外的时候不如纸质记账本方便，不过有了手机记账功能就好多了。

四、网络记账小贴士

1.最最重要的是个人记账信息的安全性。相信没有一个人愿意向别人赤裸裸地公开自己家庭的详细账目，将隐私曝光给所有人，因此注册的时候最好匿名。

2.做好备份。目前不少记账网站是以工作室或个人网站的形式运作，还没有足够收入来源，运营仍处于亏损状态，不要过于相信记账软件和网站的稳定性和长久性，说不定哪天数据就丢了或者网站关了，所以最好拷贝一份记账数据在自己的电脑硬盘里，以便以后查找使用。

3.记账时尽量找大网站、人多的地方去，有一定的保障，而且信息量会更大一些。

第四节　动手给自己做一张理财规划表吧

很多人有这样的体会：辛苦了许多年，也赚了不少钱，却发现没有多少积蓄,甚至还没钱买房买车,预期的目标达不到。理财伴随每个人的一生,一般来说从上学就得开始理财了。而对于已经走入社会,踏上工作岗位的人来说,不管职位高低、收入多少、结婚与否、有多少资产,为了长远发展都得培养理财意识,做一些短期和长期的理财规划。不同的年龄段有不同的人生目标和诉求,存在着收入和开支不平衡情况,所以理财计划也要从实际情况出发,不断根据变化随时调整。如果年龄较小工作不稳定而收入偏低,可支配资产有限,可以自己制定一个简单、业余的理财计划,而对于那些收入高、资产较多的群体来说,怎么合理支配闲钱才能让其发挥更大的作用,如何才能更快得让钱生钱,而且让生活更惬意就得好好盘算,这时候可以请专业理财师根据实际情况制定理财规划。人生的目标很多,需要花钱处理的事情也很多,每个人的可支配财产是有限的,如何才能花钱办大事,办更多的事,对资产处理的合理排序很重要,把有限的现金依轻重缓急用在最恰当合理的地方。一般来说,房屋的供养、个人社会保险及子女教育金的积累是最基本的,及早地进行资金安排和基金专项定投至关重要;其次,父母的养老、购买补充商业保险、个人的进修充电和人际关系的维护等也是比较关键的,最后才是换房、买车等提高生活品质的投入规划。总而言之,先解决温饱问题再谈享受。

年轻夫妇们最好建立一个综合的资金池,把每月的现金结余以及外快收入、年终奖金投入到这个池子中。一些不确定的花费尽量从这里取用,要深造学习、老人孩子就医等,都可从这里拿出一部分。将来工资涨了,收入高了,闲置的现金多了还可以咨询专业理财师,将这笔资金再进行合理分类并巧妙投资管理,给父母养老备用的,可以投资低风险、高流动性的产品,保证顺畅的现金流;教育资金投资期限长,可以买高风险高

第二章 做一个精打细算的账客

利润的理财产品进行增值,理财不是买一两个单一的金融产品,而是要综合考虑实际情况制订一个合理的资产配置规划,选择适合自己的理财产品、金融工具,并坚持不懈地去执行,利用时间的复利效应让有限的钱不断生钱,产生更大的效益。

一、如何做理财规划?

理财规划是指在人生发展的不同时期,人们根据其收入、支出状况的变化,制定个人或家庭财务管理方案,合理使用资金创造财富,实现人生各阶段的目标和理想。在理财规划中,不仅考虑个人生活的基本保障,还要考虑个人财富的有效积累。

该如何制定理财计划呢?有专业理财规划专家认为一个合理的理财计划由六部分组成:制定符合实际的理财目标、评估个人财务状况和潜在风险、制定合理理财规划方案、建立资产配置方案并确定产品策略、执行理财计划方案、监控并随时调整理财规划。

也可以归并为四个步骤进行:

第1步,梳理自己的财务状况,包括目前工资收入、现金储蓄和未来收入的预期,对自己的家底心里有数,知道自己有多少财产可以打理,这是基本的前提。

第2步,树立理财目标,最好详尽具体,从具体的时间、金额和理财预期等方面进行定性和定量分析。

第3步,尽量规避风险,不要做不考虑任何客观情况的冒险行动,比如说有人会把闲钱全部都放在收益很高但风险更大的股市里,没有考虑到父母、子女及家庭责任,很容易造成个人财务危机,甚至家庭破产,这个时候他所承担的风险就偏离了能够承受的范围。

第4步,科学合理进行资产分配。要深思熟虑该花多少钱用于日常花费,该用多少钱进行投资,如何投资,什么时候投资等。

理财规划归根到底就是资产和负债相匹配的过程。资产就是以前的存量资产和未来收入的能力,即未来资产。负债就是家庭责任,要供养房车、赡养父母、抚养孩子等。理财规划应是每个人都该有的,不必过分纠结目前的资产有多少,理财规划面向的是未来。

如何做一张个人理财规划表?一张理财规划表是对自己经济现状的摸底,以及对以后经济情况的展望,同时也会列出你个人收入支出的合理程度,通过理财规划的分析可以对潜在的经济风险进行规避,从而进行合理投资,以达到更好收益的目的。一般来说,如果条件允许,可以请专业的理财规划师给你一个详细合理的理财规划建议。否则,你可以参照本书,对自己的经济进行一个简单的理财计划。

一般来说,一个理财规划表主要包括:基本信息、收入状况、支出状况、投资组合、资产及负债、商业保险、理财目标与选择、理财目标、财务计划、目前存在的财务问题、现金及现金流、资产与负债、财务情况分析、财务目标、投资组合、收入与支出、资产与负债、调整后的财务未来、现金与现金流、资产与负债、未来三年及重要年份的财务事项等内容。

二、理财规划案例分析及理财建议

下面,让我们一起看几个不同年龄、家庭情况、社会阶层的人的理财规划:

第二章 做一个精打细算的账客

案例 1

人物：小李夫妇

个人情况：上海新婚白领夫妻

小李夫妇的日常收支情况：家庭收入来源是夫妇二人的工资，每月工资共计一万二左右，现有现金储蓄约 9 万元，每月房屋贷款还款额为 3200 元，共贷款 20 年，夫妻双方的公积金账户也同时参与了还款，月还款额为 760 元。另外小夫妻月日常生活支出额为 4000 元。

从以上表述中我们能够看到这个家庭的以下几个情况：收入结构单一。工资几乎是该家庭收入的全部来源，挣钱渠道少，使得家庭的日常现金流缺乏弹性而且比较脆弱，一旦家中有人失业，生活质量会急转直下。另外小李夫妇的还贷压力较重，占用了 40% 左右的家庭开销，这样他们的日常开销要被大幅挤压了。

日常节余较少。考虑到一些年度性支出，每月 3400 元的现金节余在年末集中大量支出后大约也只有万余元。对于在一线城市的年轻家庭来说，以后的花费需求将更多，所以这个储蓄累积速度是较慢的，同时也直接限制了其他理财投资规划的进行。

资产负债率较高。近五成的资产负债率使都市年轻家庭的经济有不小的风险，一旦其收入水平降低，将直接危及财务平衡；而 9 万元的现金储备在应对突发事件时也显得捉襟见肘，而且小李夫妇也即将面临生子培养下一代的任务，一旦怀孕生孩子就可能会对其家庭收入及支出产生更大的影响和变化，到时候情况将更不乐观，因此小李一家有必要未雨绸缪，做好家庭理财规划。

理财建议：

小李夫妇目前最主要的理财方向应该是增加家庭收入来源,在夫妻两人工资增长可能不大的情况下,可以从提高其9万元储蓄的投资效用入手。考虑到家庭备用金的刚性需求及小李夫妇对投资理财的熟悉程度,建议保留4万元作为现金流,以应对家庭突发状况,用5万元左右参与理财投资。

再就是鉴于小李夫妇即将生小孩的实际情况,建议他们要开始着手考虑增加针对婴幼儿的保障支出。可采取以教育储蓄型保险为主险,以重大疾病险为附加险的理财组合。其中主险可以在子女进入高年级后提供较稳定的教育金支付,缓解不断上涨的子女教育经费支出压力;附加险则能够对孩子的一些重大疾病补充巨额治疗费用,帮助父母解决实际困难,减轻压力和心理负担。该保险组合每年需家庭支出约7000元左右,但却可在未来支付教育金的同时额外提供约10万元左右的医疗费用保障,比较适合年轻的父母。

案例2

人物:小赵夫妇

个人情况:年轻的三口之家

小赵夫妇的家庭财务情况及理财规划:夫妻两人都在民营企业上班,小赵月收入3400元,公积金每月800元,年终奖约3万元。老公每月净收入9300元,公积金2800元,年终奖金约10万元,另外每月有外汇节余约1000美元。夫妇两人都由公司购买了意外保险。家里活期储蓄1万元,股票期权7万元,三年后可上市交易。一家三口现自住一套130平方米的房子,按揭每月3200元,剩余贷款约为27万元。2004年,他们在一中小城市买了一套1室1厅40平方米的简装房,每月按揭贷款 850 元,月租金收入 260 元,银行贷款目前还有 5 万元。2007 年 9 月,他们又在市区买入一套 160 平方米的毛坯房,月按揭贷款 6200 元,银行贷款还剩约 83 万元,简单装修预算大约 6 万元,装修后准备出租,预估月租金约 3000 元。他们现在每月的日常家庭生活费要 4000 元,正在上小学二年级的孩子教育支出每月 1200 元,孩子保险 4500 元/年。

他们计划尽快还清买房时向亲戚借的 4.5 万元;明年下半年为孩子购买一台钢琴,并准备请专业钢琴教师教孩子学琴;还想三年内再换一处附近有优质教育资源的房子,好让孩子读所更好的中学,另外还想买一辆 10 万左右价位的家用轿车。

小赵的家庭财务情况是:夫妻二人总体收入较高,同样每月固定负债也相当大,光银行贷款就有 110 多万元。他们家庭的每月现金收入约12000 元,按揭还款金额就有一万多元,占月收入的八成以上,负债比例非常大。另外他们家的储蓄较低,存款仅 1 万元,应对日常突发事情显然太不够了。

理财建议:

小赵家应该采用公积金每月还款,减少按揭的现金支付,缓解现金压力。2007 年购买的住房还需要投入不少资金才能有回报、产生收入,夫妻两人在年底拿到奖金和分红后应尽快装修并出租此房来改善现金流状况。另外可以申请两张以上的信用卡,不仅可以享用信用卡最长56 天的免息期,还可以作为家庭备用金以备不时之需。

小赵一家目前已有三套住房,家庭财务比较吃紧,建议暂缓购买学区房,而是采用租住的方式。节约的现金用于提前归还住房贷款。每月有 1000 美元的收入,可以兑换成人民币,作为孩子购买钢琴和请钢琴老师的基金,专款专用。基金剩余部分可以采用基金定期定投,作为将来的教育基金。目前家庭负债较多,不建议购买汽车。等家庭日常结余较多时,建议最好提前还贷,减轻家庭压力和财务风险。等房贷归还完毕后,可以将一部分资金用于基金定期定投,准备养老金。

案例 3

人物:Rose

个人情况:单身女白领

Rose 今年 25 岁,在北京一家杂志社做编辑工作,单身。目前银行存款 2.5 万元,月收入 5000 元左右,全部为工资收入。支出主要在:租房(合租)约 1000 元/月,吃饭、交通 800 元/月,日常生活消费(衣服、化妆品、休闲旅游等)约 800 元/月,合计月支出 2600 元/月,月结余约 2400 元/月。杂志社为其缴纳了三险一金,她还为自己购买了一份意外保险。理财目标,将来在北京买个小房子。

Rose 的个人财务情况:

收入比较稳定,保障较全,但是收入单一。年收入 6 万,年结余为 3.12 万元,目前有存款 2.5 万,单位为其上了三险一金,她还为自己购买了一份意外保险,除此以外其没有做任何的投资。

其工作相对较为稳定,同时随着工作经验的累积,未来收入会有所增加。

给 Rose 的理财建议:

Rose 的经济状况并不复杂,也很清晰明了。每个月的支出比较合理,没有进一步"节流"的必要。同时,Rose 有单位缴纳的三险一金,自己还有一份意外险,按照目前的年龄和基本情况,再补充一份重大疾病就基本完整了。假如 Rose 30 岁结婚,还有 5 年的时间进行房屋资金的储备。北京目前五环左右的房子均价是 2 万元/平方米左右，如果是个人或者新婚，两人居住 40 - 50 平方米的房子也比较合适。考虑升值等因素，Rose 至少需要 80 万 - 100 万，按照房屋首付需要房屋总价的 20%，Rose 5 年后至少需要 20 万的首付，假设装修需要 10 万，她至少需要 30 万。

目前其共有存款 2.5 万，如每年结余 3.12 万元，5 年后也仅有不到二十万。假设 Rose 两年后工作收入增加到 8000 元/月，如果仍按照目前消费状况，每月能够结余 5400 元，每年能够攒钱 6 万元左右，5 年后可攒钱 27 万元左右。如果仅仅靠工资收入勉强能够积累首付和装修的费用。

因此必须考虑投资其他方式进一步开源，原有 2.5 万存款依旧作为基本储蓄，同时每月 Rose 可以拿出一千元作为基金定投，按 5 年平均收益率为 6% - 8% 来计算，这笔投资的收益 5 年后大概可得 7 万多元，剩余的结余资金除每年 1000 元的重大疾病意外险外，均可以存款的形式来增值，同时也可以购买一些货币市场基金，相对来说基金安全性较高，这种保守的投资方式适合像 Rose 这样的单身白领阶层。通过理财策略的调整，Rose 5 年后可以得到 29 万元左右的资产。购房之后，每月的开支会因为房屋的月供而增加，这个时候要根据当时具体的银行利率，其理财方案也要继续随之调整。

看了以上三个人不同的理财规划表，你是不是也蠢蠢欲动了呢？忙碌了一年，不管收入如何，最好借此机会给自己来个本年度的财务总结，并对下一年做个规划。理财与个人收入、总资产、职位、年龄都无关，无论是个人还是家庭，年底都有必要做一张"年终理财表"，要以认真的态度去对待，忽悠不得，否则，来年的收入可能会打折。

第三章

抠门有理——学学
账客们的理财奇招

智慧在民间。普通人的生活智慧启发我们,省钱不是降低生活质量,它本质是一种积极的生活态度,要省钱得先要学会科学花钱。吃穿住用行,省钱无时无刻,无处不在。所以通胀下的节俭生活并不是我们想象的难过枯燥——花最少的钱,做最多的事,过更丰富多彩的生活。当合理节俭成为一种社会时尚时,这样的生活态度应该赢得喝彩和掌声。

第一节　低碳生活、理性消费
——做快乐的"抠抠族"

2010 年我们都能切身感受到，经济通货膨胀时代已经来了，有人感叹除了工资不涨之外，几乎没有不涨价的商品，从绿豆到常涨不止的房价和油价，通胀迅速而无声的掏空了老百姓，大家的口袋瘪瘪的。

许多人的生活水平开始陷入困境，民众的不安感和焦虑感迅速蔓延，各级政府也为应对通货膨胀不断出招。但是，这一轮的通货膨胀伴随世界经济大萧条而来是无法抗拒的，更不是政府短时间内能够彻底解决的，我们老百姓首先要想办法学会适应。与通胀赛跑，最重要的首先还是调整心态。应对通货膨胀最主要的方法就是适当节俭一点，节俭是应对全面通货膨胀的最好方式。只要这样调整心态，学会一些省钱的方法，我们就能够更好地应对通货膨胀！

尤其对于刚出校门、踏上工作岗位的职场新人来说，往往薪资较低，而且收入来源非常单一，工资可能是唯一途径，想要积累第一桶金就需要靠勤俭节约扩大工资结余，而如果你是一个月月见底的月光族的话，又怎能实现理财规划进而追求其他人生目标呢？在通胀如虎的现实下，你甚至有可能变成负债族。反之，如果通过坚持省钱理财策略就可以去掉一些不必要的开支，既不会降低生活质量，又能积少成多攒出不少钱，为以后生活或者创业打基础。

"通胀"也已经使一些老百姓的消费观念发生了改变，抗"通胀"已成为不少人的理财主题。倡导低碳生活、理性消费的新"抠抠族"应运而生。"不打的不血拼，不下馆子不剩饭，家务坚持自己干，上班记得爬楼梯。"这是在"抠抠族"内部广为流传的一首打油诗。"抠抠族"，指的是富日子当穷日子过，一分钱恨不能用在两个地方，坚决倡导节俭生活的一群人。他们的共同之处是"抠门"，能坐公交不打车，能自己做饭不下馆子，吃饱但不剩饭，早睡早起或自制美容膏也不去美容院。

宋华是个喜欢购物扫货的都市白领，只不过现在每次出门前，她都要带上一沓会员卡，见缝插针，能省就省。通过生活中一点一滴的精打细算，"斤斤计较"，她攒钱为自己买了一辆车。其实她刚毕业的时候就一直想有自己的一辆自驾车，原本计划 3－5 年内买车，不过攒了一年钱却只有不到 3 万元，她想这速度慢了，要加把劲。但是她又不想因为要买车就太苛求自己平时的生活质量，为了开源节流，她没少上网学习网友们的"省钱宝典"。她并不认同有人以牺牲自己的生活享受和品质为代价的省钱，那或许应该叫"守财奴"。宋华省钱的做法是：每次外出就餐前先上网看看有没有饭店优惠券可用，每次出门逛街，她都把各大商场的会员卡、宣传页、各银行信用卡一起带上，带齐"装备"就不怕明明有打折活动自己却享受不到了，而且即使什么优惠也没有，一些超市或专卖店也能享受折扣优惠或积分累加奖励的。养成这些聪明的精打细算的理财习惯后，宋华在保持原有生活质量的同时渐渐省下了花销，3年"省生活"后，一辆伊兰特悦动到手了，而现在，她依然保持着这个习惯。

既要省钱又不降低生活品质,这可能吗? 分享了宋华的省钱经验,或许你已经有了答案。

在研究所工作的刘女士也是"抠抠族"的一员,她前几年就结婚并且已经有个两岁多的女儿,她婚前是标准的月光族,生活都是相当奢侈,舍得为自己花钱,总觉得钱留着还不如趁年轻时好好享受生活。人就应该对自己好点,婚后头几年还一直保持想买什么就买什么的习惯,后来越来越发现家庭财务压力在增加,买车、人情往来以及赡养父母等压力都是要考虑的,尤其女儿的出世让他们两口子立刻感到巨大的压力摆在面前,不敢乱花钱了,于是不得不过起"抠抠族"生活。后来逐渐发现,"抠抠族"生活节俭且低碳,还能够省下不少余钱进行理财投资,促进家庭财务良好循环,慢慢地竟然喜欢上了这种生活方式。

年轻人头脑灵活而且好奇心特别强,因此消费欲更强烈一些,但又常常被买房、买车等未来的压力和目标制约,怎么才能鱼和熊掌兼得? 其实只要我们留心周围各种促销、互动或优惠活动,经常参加,稍微精打细算一番,钱就能轻松省下。慢慢积少成多,实现科学理财目标的时间也会大大缩短。

新"抠抠族"的几大生活趋势:

趋势1:崇尚简约生活。随着新节俭主义的产生,越来越多的人尤其是年轻人开始崇尚简单的生活,希望活出自我和本真。因此,他们会抛弃那些过度包装、功能冗余的产品,如消费者购买手机等产品时会选择去掉一些不常用、不实用的功能,选择耐用性强、价格稍微便宜的产品。同时,消费者还会舍弃包装得花里胡哨但不经济实用的商品,更加追求环保低碳。

趋势2:国货热兴起。热捧民族品牌不仅仅是爱国等感情因素,从消费的角度来说，大部分支持国货的人会认为中国民族品牌比起国外品牌来说也具有相当不错的质量，而且价格便宜很多，如蜂花护发素、片仔珍珠膏、奇瑞QQ、联想电脑等，再度走进了人们的购物考虑范围。

趋势3：口红效应显现。在经济不景气、生活质量降低的情况下，人们会相应减少一些大宗消费的支出，消费趋势就会转向寻找能够满足自己需求但价格相对低廉的替代品，例如口红，虽然不是生活必需品，却因价格较低，同时又有修饰的作用而大受欢迎，销量不错，这就是典型的口红效应。

趋势4：DIY一族增加。自己动手，丰衣足食。在经济危机的压力面前，人们为了省钱，把越来越多的消费行为变成了DIY，比如宴请朋友减少去餐馆次数而到家里亲自下厨，自己为自己做美容，装修房子能自己做绝对不请工人等，即使忙点累点，省钱了，未雨绸缪的心理促使人们开始"do it yourself"。

趋势5：折扣店、外贸单品店和网络购物流行，网络团购异军突起。为了省钱理财，越来越多的消费者开始偏好一些低价格却实用的品牌，购物的地点也渐渐转向大型超市、外贸单品店和折扣店等，一些高档商场的人流量明显减少。尤其现在网络发达，网上购物减少很多中间流通环节，价格比实体店便宜很多，而且网上购物快捷便利，开始成为一些消费者的新购物渠道。近一两年，团购尤其是网络团购，以其低廉、方便、省心等优势成为白领一族的消费新宠。

总的来说，消费者越来越聪明，越来越理性，越来越不在意商品的虚拟价值，越来越重视产品的实用价值，花钱越来越会计算，这种理性消费的回归也在孕育新的消费趋势。

第二节　身心都健康,省钱快乐享生活

　　记得小时候有这么一个脑筋急转弯:富翁最怕什么?答案是:死。怕死的其实不止富翁,人都会有对死亡的恐惧。人活一世走一遭,想追求的东西太多了。然而最重要是什么?是健康。钱财乃身外之物,生不带来死不带去,如何在有限的生命中把钱花到实处,花到好处,为我所用,为社会所用?生活中,先保证好健康问题,才能继续讨论经济的问题。

　　到底怎样才称得上健康呢?世界卫生组织所下的定义是:健康是指生理、心理及社会适应三个方面都保持优秀的状态。仅仅没有患病或者身体健壮是不够的,身心全面健康才是真的健康。

一、吃喝玩乐,我的身体健康我做主

1.健康起居

健康起居是身体健康的前提,合理的安排起居,从而达到健康长寿。首先要注意生活要有规律。作息时间要符合自然界阴阳二气消长规律及人体自然循环的生理规律，其中最重要的是昼夜交替节律，否则，会引起早衰或者寿命减短。古代养生家认为，春季和夏季宜养阳，秋季和冬季宜养阴。因此，春季应该晚睡早起，经常在室外散步，散步时记得缓行，不要束起头发；夏季也应晚睡早起，不能因为天气炎热就厌食，也不能因天气燥热，就控制不好情绪经常发怒；秋季应该早睡早起，起床后就可以锻炼身体，心情要保持安宁，才能缓和秋燥；冬季应早睡晚起，等到太阳出来了再活动。

在生活中，睡眠对人的健康和精神是最重要的。每个人都需要充足的睡眠。人在睡眠时，身体各个部分器官和机能都处在自我休整和调节状态中，气血可以充分通畅的灌注于心、肝、脾、肺、肾五脏，从而补充和修复白天工作时受到的损伤和疲劳。正确的睡觉时间和姿势可以提高人的睡眠质量，消除疲劳，恢复精气神，确保人们身体的健康和长寿。有句老话叫"安卧有方"，要做到就必须先保证足够的睡眠。一般来说，年轻人尤其要保证高质量的睡眠和休息，每天睡眠时间最好在 7 个小时以上。

其次要注意睡床的软硬程度，如果过硬就会让全身肌肉不能得到松弛，难以保证充分的休息；但过犹不及，如果睡床过软，就会增加脊柱周围韧带和椎间关节的负荷引起腰痛。枕头的高度一般离床面 5 - 9cm 为宜，过低就会使头部血管过分充血，一觉醒来，头面浮肿；枕头过高，就会使头部供血不足，容易造成脑血栓进而还可能会引起缺血性中风。

要保持正确的睡姿，最好的姿势就是身体靠右边侧卧，两条腿微微弯曲，全身自然放松，一手屈肘平放，一手自然放在大腿上。这样的姿势下，心脏位置较高可以促进心脏排血，还能减轻负担。肝脏位于身体右侧，所以右侧卧可以使肝脏获得较多供血，有利于促进身体的新陈代谢。

对于忙碌的年轻白领们来说,起居生活尤其还要注意避免过度劳累,包括工作繁重和房事过度产生的劳累。避免劳作受伤,是保护自己维护机体强壮、避免身体受伤的重要措施,在劳动中,要学会量力而行、坚持循序渐进的原则,凡事都要适度,不能逞强斗胜,即使是坐在办公室里的工作,也要注意不要久视久坐。在房事上也要有所节制,不能过度,不刻意禁欲,但也要懂得自我控制,这是益肾固精、保持年轻活力,维持生理功能平衡的重要措施。

2. 健康饮食

对于许多在写字楼里工作的人来说,经常加班或者一忙就忘记吃饭,而且很多人饮食不规律、不科学、不卫生。为了赶时间,吃饭经常在外面打游击,或随便找点速食品草草对付,只求填饱肚子完事,杂七杂八的不健康饮食和习惯,长期下来,至少会造成胃病、精力不济、厌食、抵抗力下降、发胖等。

每天为赚钱奔忙,也许是想维持生活,也许是想买房购车,也许是想让自己生活得更加富足,但你在拼命赚钱的时候有没有注意过自己的身体状况呢?

身体健康,顾名思义就是要有个强健的体魄。那么,如何吃喝才是健康的饮食方式呢?

要吃的健康,首先要享受多样化的美食。所谓饮食多样化,就是说什么食物你都要吃一点,千万不要挑食,每天用不同的烹调方式混搭一些食物,不要天天只吃一两道自己喜欢的食物。可以给自己制定一个食谱,每天更换食谱能够提供身体所需的全部营养物质,还能提供这些营养物质的保护性成分,让有利元素吸收得更充分。要注意的是,日常食谱中要以谷类食品和果蔬为主。水果蔬菜和谷物中含有丰富的维生素、矿物质，可以帮助提高身体的抗氧化，还能够给人体提供更多必需的碳水化合物和少量脂肪，会更有益于健康。

我们国家现在越来越重视国人奶产品的摄入量，但要注意，购买奶制品时最好选择低脂肪奶制品，吃肉也最好多吃瘦肉。这样就可以保证每天的膳食平衡，还可以减少脂肪摄入量。

爱美是女孩的天性，尤其是每天坐在办公室对着电脑的白领一族，为了减肥保持窈窕身姿挖空了心思，想尽了办法。其实科学饮食既能补充营养，又能塑造身形，关键是非常健康。要做到饮食健康，最重要的是要保持一日三餐的科学搭配。要知道自己身体真正需要的是什么，我们的祖先很早就养成了一日三餐的习惯，这三餐不只是为了让自己不觉得饿，最主要是通过食物来保护调节自己的身体。所以要了解自己的生活状态，知道自己需要吃什么，怎么吃，对每种营养的摄入量是多少，这样才能正确用膳。

一日三餐，每餐间隔的时间要适宜，间隔太长会产生饥饿感，会影响人们正常的劳动和工作；如果每两顿饭中间相隔的时间太短，上餐吃的东西还没消化掉，就接着给胃塞进更多的食物，会增加肠胃等消化器官的负荷，久而久之，消化功能就会降低，对健康产生消极的影响。食物混合后 4 至 5 个小时之后可以消化干净，所以两顿饭之间停留 4 至 5 小时最合适。

到底每天要选择什么样的食物，怎么安排调配也有讲究，但也是因人而异。一般来说，三餐的饭食应该粗细搭配，肉类和蔬果也要有一定的比例，最好每天都吃些豆类。

不过，一日三餐吃些什么，比例如何搭配是要根据每个人的身体状况和工作需要来决定的。中国传统饮食中讲究"早要吃好,午要吃饱,晚要吃少",早、中、晚三餐的比例大概为3∶4∶3。三餐的多少有所讲究,三餐的品质也各有侧重,早餐注重营养,食谱中可以选择面包、米粥等碳水化合物,最好有肉类、鸡蛋、牛奶以及豆浆、新鲜蔬菜和水果。早餐中的蔬菜不必太多,但不能没有。午餐不但要为一上午的连续工作提供营养支撑,也要为下午的继续努力工作补充能量,强调粗细荤素的全面搭配,营养充足,所以午餐的品种要多样化,综合各种营养元素,才能起到缓解工作压力、调整精神状态的作用。午餐可以通过自己喜欢的口味选择中餐或西餐。饭后甜点,最好是水果。饮料也最好选择中式的茶水,茶水富含抗氧化物质,可以刷去多余的油脂,可以中和午餐时吃到的酸性食物,达到酸碱平衡。喜欢吃西餐的人,披萨是极好的选择,披萨的面饼是很好的碳水化合物补充物质,蔬菜也能给你的身体提供充足的纤维素和维生素,用作起丝和调味的奶酪中含有丰富的蛋白质和钙质。但如果单点热狗、白面包、香肠、干酪这类食物,很容易造成营养过剩或缺失。晚餐要求吃的清淡,不要给胃部增加负担。选择容易消化的食物,宜清淡,要选择脂肪含量少的食物,而且要注意控制量,不能吃到撑。晚餐时摄入的营养如果和其他时段的饮食营养一样多或者超出其他时段的营养摄入,消耗不掉的脂肪就会在体内堆积,容易造成肥胖,影响健康。晚餐最好吃面条、米粥、小菜和少量的水果。每天在进餐的同时饮用一小杯红酒也很好。

平时上班工作繁忙精神紧张,吃饭其实是个很好的放松机会,独自进餐非常无趣,还容易继续想着客户方案,大脑得不到休息,所以最好有几个要好的同伴一起,吃饭的时候交流一点八卦或者时尚信息,既增加了友谊也营造了一份就餐好心情,甚至还可以省钱吃得舒服。平时多吃水果,时不时吃点零食调节一下,在上班的抽屉里放些牛奶巧克力、腰果、小块糕点、水果等,饿了或者休息间隙吃一点,权当补充营养调节生活了。当然,坚决不主张以零食代替主餐,天天如此光吃零食,就好像只有偶尔过节派对时,我们才只喝饮品只吃菜而不吃主食一样,这样的做法不可取。如果你碰到的老板很抠门,公司没有餐厅也没有配套餐,那就只能自食其力了,而你又不打算带便当,那就要在公司附近挖掘几家卫生、经济又可口的小饭店作为中饭据点,和同事们几家轮着吃,一时半会儿是不会吃腻的。记住! 任何情况下不要因为怕麻烦或是偷懒而糟蹋自己的胃。

现代人上班都离不开计算机,而茶是一种比较好的饮品,这里推荐几种最适合计算机族喝的茶,帮你对抗辐射的侵害,还可保护你的眼睛,抗烦躁呢!

绿茶:绿茶是近几年被各阶层所津津乐道的养生饮品,好茶不仅口感好清香甘甜,尤其对身体非常好,还能使身体分泌出对抗紧张压力的荷尔蒙,绿茶中所含的少量咖啡因也可以刺激中枢神经,提振精神。现在喝茶还是一种品位和修养的象征。

绿豆薏仁汤:绿豆有清热解毒、利尿消肿的功效,薏仁可以轻身益气,健脾止泻,对于需要经常工作熬夜或者长期口干舌燥、心烦气躁、内分泌不调、长青春痘的年轻上班族是很好的饮品,尤其是夏天,绿豆薏仁汤对于消暑除烦非常有帮助。

枸杞茶:枸杞子含有丰富的胡萝卜素,钙、铁、维生素 B1、维生素 C 等微量元素,具有益肾、补肝、明目的功效,因其身就味甜,不管是泡茶还是当零食来吃,对天天对着电脑的计算机族们经常出现的眼睛酸涩、疲劳、视力下降等问题都有很大的缓解作用。菊花茶有明目清肝的作用,菊花加上枸杞一起泡着喝也很有帮助。

杜仲茶:对于经常久坐不活动,腰酸背痛的办公室一族来说,杜仲茶是很好的饮品,它具有补血、强壮筋骨的作用,女性朋友还可以在每月生理期的末期与四物汤一起服用。

二、给职场人的忠告:好身体就是最大的省钱

有人说:人从出生开始,就在做减法算术。也有人说:大多数人前四十年是拿健康换钱,后四十年是拿钱换健康。尤其对在职场拼杀的人来说更是如此,健康是需要付出更多成本才可以维护的,其中最主要的便是金钱。在目前得不起大病,看不起医生的社会环境之下,我们不得不慨叹,健康还得靠自己。其实在日常工作生活中多多运动锻炼,或在生活习惯上多加注意,便可以让依然健康的你用最低的成本维持身体健康,抵制疾病和亚健康。记住,好身体就是最大的省钱。

下面为每天奋斗在写字楼的都市白领们推荐几套简单实用的健身运动,这些运动适合在办公室里的每个地方实行,可以抽空来做做。

办公室一族因为特定的工作环境,加上紧张的生活方式、工作压力等原因,容易患上一些职业病,那要如何去预防或者把它的危害减到最低呢?最好每隔一个小时左右就站起身来走一走,与同事说说笑笑放松心情,欣赏远处的风景放松眼睛,做做健身操活动活动筋骨。还有一些简单的动作也可以让你远离职业病。

1. 双手捂住耳朵,用手指轻轻弹脑袋,10 – 20 次,能促进大脑血液循环。

2. 扯耳朵,右手绕过后脑勺,往下拉左耳垂;随后,左手也做同样的

动作去拉右耳垂,每次做 10 – 20 次。

3. 练眼,极力远眺窗外的风景,如果对面就是办公楼,也可以努力看看办公楼里发生的情况,眼睛用力向下眨,也可以舒缓眼疲劳。

4. 转颈,脖子左右前后无规律转动,能放松颈部紧张神经。

5. 用手环抱自己,在肩周最疼的点上按摩抓揉,可缓解痛楚。

6. 搓脸,手掌相对,相互摩擦,感到热后再用手搓脸,使脸部发热,可起到活血的效果。

7. 伸懒腰,双手无尽向上延伸,腰肢舒展,反复数次。

8. 双臂过头,努力向下压,尽量够到脚面,可拉伸、牵引劳累的肌肉。

9. 搓肚,用手掌或拳头搓肚皮,时而顺时针时而逆时针搓动,可帮助消化。

10. 腹式深呼吸,我们通常的呼吸方法属于胸部呼吸,改变呼吸方法,让吸进的气体进入小腹,看到肚子一舒一张。

11. 提肛,注意力集中在肛门,努力让它收缩、放松,连续几次可防止痔疮等疾病。

12. 散步。每天抽空在办公区的花园内走走看看,如果家离公司不太远的话可以利用下班的时间慢慢走路回家。

13. 如果楼层不是高的恐怖,就不等电梯而爬楼梯,这是办公室最简单实用的运动。

摆脱烦人的"鼠标手"

60

鼠标手多是腕关节劳损,这是因长期使用固定的姿势所引起的慢性劳损,或因为使用手腕过于用力引起腕关节外伤的后遗症。患有这种疾病的人常会感觉到腕关节疼痛,有些人平时手腕没什么感觉,但一用力就会觉得疼痛到难以承受,甚至手腕部肿胀,在扭转手腕时就会觉得疼痛或者听到关节间摩擦发出的响声。

现在就教你一些防治"鼠标手"的小动作,工作休息时经常做做,就可以帮助你远离"鼠标手"。

1. 双臂放松垂在身体两侧,身体直立。右臂向前伸直与肩同平,手掌向上,手指分开并努力弯向地面。手指及手腕向自己面部方向用力,同时慢慢握紧拳头,将手腕弯曲到最大限度,使拳头指向自己。

2. 弯屈肘关节,握拳,使拳头的中心朝着肩部。在保持曲肘及握拳姿势同时,将上臂向外旋转,用视线带动头部逐渐转向拳头。依次伸直弯曲的关节,使手指指回地面,缓慢将头转向侧对肩部。

3. 上臂与肩同平,手背贴在一起,手指指向地面。双手向上方翻,手掌及各个指头紧贴,手掌及肩部往回收。

4. 手掌及手指仍然保持骨骼的状态,双手放在头部上方,然后逐渐移向头部后方,肩关节也随之向后移动。

5. 上臂向外伸直与肩关节同平,握拳并使手腕弯屈。

6. 双上臂逐渐放松,慢慢放在躯干两侧,并向身体后方伸展,手指尽量向上,头部也努力向上抬起。双上臂松弛自然放置,轻轻抖动手。

注意:整套动作应保持缓慢连贯,不能突然中断,每一步都要保持5—10秒钟左右。如果是已患鼠标手的人想用这种方法治疗,在使用之前应向有关专业医生咨询,以免造成不必要的损伤。

远离痛苦的"颈椎病"

在我们现在长期使用电脑的生活中,颈椎病就像传染病蔓延在大街小巷,而且病情越来越倾向于年轻人。勤奋工作就一定不能摆脱颈椎病的困扰？该怎样预防远离颈椎病呢？现在，再来给你传授一套防治颈椎病的小体操，一起来做吧。

1. 先自然站立，不要拘束，全身放松。

2. 双手叉腰，将头抬起然后向后仰，同时吸气，看着天空，停留片刻；然后缓慢低头，努力将头埋在胸部，同时呼气，双眼看地。做动作时，要闭上眼睛，努力让下颌紧贴前胸，停留片刻，再上下反复做若干次。

3. 双手叉腰，慢慢将头转向左侧，同时吸气，让右侧颈部舒展后，停留片刻，再向相反方向缓缓转动，将存于胸腔中的空气呼出来，让左边颈部伸直舒展，停留片刻。

4. 回到第一步骤，然后双肩慢慢提起，脖子尽量缩到最短，停留片刻，双肩慢慢放松，颈部自然伸出，还原放松状态，然后将肩膀用力往下沉，脖子使劲拉伸，停留片刻，双肩放松，并自然呼气。

5. 依旧还原到第一个步骤，但注意双手叉腰。慢慢的将头部向左倾斜，努力使左耳贴在肩膀上，停留片刻，恢复初始位置；然后再将头向右肩倾斜，同样使右耳要贴近右肩，停留片刻，再恢复到原始位置。这样左右摆动，反复做若干次。

教你脱离肩周炎苦恼

很多人在工作时间长，尤其年末，或者，肩部的肌肉韧带长期处于紧张状态中，易患肩部组织疾病，这是肩周肌肉、肌腱、滑囊和关节囊等软组织的慢性炎症。要怎样做才能预防肩周炎呢？

1. 背部紧贴墙壁站立，或者仰卧在床上，上臂贴在身旁、屈肘，以肘尖作为支点，进行外旋活动。

2. 面对墙壁站立，用疼痛肩膀的那侧手指沿墙缓缓向上爬动，尽量举到最高,直到最大限度,停顿片刻,然后再慢慢向下回到原处,反复进行,逐渐增加高度。

3. 身体自然站立,双脚微张与肩同宽,在疼痛肩膀那侧的上肢内旋并向后伸,健康一侧的手拉疼痛一边的手或腕部,逐步拉向健康侧并向上牵拉。

4. 上肢自然下垂,双臂伸直,手心向下慢慢向外展开,向上用力抬起,到最大限度后停顿片刻,然后恢复到原始状态,反复进行若干次。

5. 身体自然站立,在疼痛肩膀那侧上肢内旋并向后伸的姿势下,弯曲手肘和手腕,用中指触碰脊柱的棘突,慢慢由下向上达到最大限度后停止片刻,再慢慢回到原处,多次重复这个动作,不断增加高度。

6. 站立或仰卧姿势,疼痛肩膀一侧肘弯曲,前臂向前向上并旋前,保持掌心向上,尽量用肘部触碰额部,像擦汗的动作。

7. 平躺在床上保持仰卧状态,两手十指交叉,掌心向上,放在头后部当枕头,先使两肘尽量内收合十,然后再尽量外展。

8. 身体自然站立,肩膀疼痛的侧肢自然下垂,肘部伸直,然后由前向上向后划圈,幅度由小到大,反复若干次。

其实以上八种动作不必每次都按顺序做完,可以根据个人的具体情况做选择性的交替锻炼,量力而行,每天多做几次,一般每个动作最少做25 次,只要能坚持下来,就能有效防治肩周炎。

三、你的心理健康吗?

心灵指引人的行动,只有首先保持心灵的健康,才能以正确的态度面对世界,保证为人处事应该行进的方向。从医学上讲,一般性格乐观开朗、心胸豁达的人，神经内分泌调节系统时时都处在一个最佳的水平，免疫功能也处于正常状态。相反心理不健康的人则神经内分泌功能严重失调，免疫功能降低，因此高血压和冠心病等疾病的发病率明显偏高，死亡率也相对较高。情绪抑郁容易使人受到外界病毒的侵害，成为感染性疾病和肿瘤攻击的目标。所以，想要有个健康的身体，心理健康是非常重要的前提。

现代社会要求人们心理健康、人格健全，不仅要拥有较高的智商，还要有良好的情商。现在人们开始正视、重视心理问题并积极寻求咨询和医疗，这是社会文明进步和人们文化素质提高的一种表现。据调查显示，生活条件越好，文化层次越高，人们对心理卫生的需求也就越迫切。同时，随着科学文化知识的普及和心理卫生服务的完善，将有更好的渠道和方法解决人们的心理健康问题。

要正视心理健康这一问题。首先要了解掌握一定的心理卫生科学知识，正确认识心理问题出现的原因；其次，能够冷静清醒地分析问题的因果关系，特别是主观原因和缺欠因素，及时采取对己对人都负责任的相应措施；培养恰当的自我评价和自我调节能力，选择适当的就医方式和时机。

如果你常常莫名地紧张、情绪长期陷入低潮期，要么无精打采，干什么都没心思，要么狂躁不安容易发火，到医院检查的结果却是哪儿都很健康，身体一点毛病没有！这时候，你就应该想想是不是陷入心理亚健康状态了！每一个人承担各自的社会责任，尤其现在生活压力都很大，所以每个人，都存在不同程度的心理问题。随着社会和生活环境不断革新，人们的知识结构、思维方式、情感表达、人际关系等在悄然发生各种变化，因此引发心理问题的因素越来越多样化。

据专家介绍,由于现代人的生活节奏加快,生活方式随时在变化,很多人一时间适应不过来,导致盲目行为增多,加之有些人比较急功近利,过分追求短期效益和近期目标,忽视长远发展,结果导致失败的机率增高,很难有成功的喜悦和成就感,内心容易失去平衡而闷闷不乐,长期郁积于胸,就不可避免产生心理问题。心理专家认为:一个人的心理状态常常直接影响他的价值观、人生观,甚至直接影响到他的一些行为和处事方式。因而从一定意义上来讲,心理卫生比生理卫生对个人的整体发展更为重要。但心理卫生却容易被人忽视。因此情绪不好或心情低落的时候,不要恐慌,不要着急,更不要觉得丢人而轻贱自己。一般来说,较轻的心理问题都可以通过自我放松、自我调节,缓和自身的心理压力来很好的处理。面对"心病",不要害怕,最关键的医生是你自己,首先要以正确的心态去对待它,不断提高自己的心理素质,学会心理自助,自我调节,每个人都可以成为自己的心理医生。如果条件允许,看心理医生也应该成为一种调试心理的"习惯动作",像打球、洗桑拿一样,成为日常放松活动的一种。

1.教你克服可怕的阴暗心理

人的心理应当像春天的原野一样充满阳光和生机,然而现实生活中的种种坎坷和挫折,却会堆积在一些人的心里,有的人终日抑郁,有的人善妒,有的人患有疑心病,有的人无缘由的开心或悲伤,有的人经常惴惴不安,有的人思前想后不敢决断……心理学中将这种状况称为"心理阴影"或"心理失衡",它是一种不健康、对人们的生活有害的心理状态。所以我们一定要对一些不健康的心理问题有所了解并知道克服的有效方法,做一个身心健康的人!

抑郁症:抑郁症是造成精神疾患的主要原因之一。从全球范围看来,20 岁以上的成年人里抑郁症患者的数量正以每年 11.3% 的速度增长,很多人正在遭受这种疾病的折磨。随着生活节奏不断的加快,很多人原先设想的或是原有的生活模式被打乱,致使抑郁症不断增多。抑郁症的轻重程度因人而异,心情压抑烦躁、精神焦虑、精力不足、注意力不集中、悲观失望、自我评价过低等都是抑郁症的常见症状,严重者可能造成自杀的后果,也是比较常见的心理问题,很多名人如崔永元等就曾患有抑郁症。

建议:心理有抑郁的人要学会自我调整,不要给自己制订一些不切实际、很难实现的目标,正确认识自己的现状,放平心态。正视自己的病情,尝试多与人接触和交流,不要自己独来独往,尽量多参加一些有益的活动,尝试做些体力消耗小的体育锻炼,平时多放松自己,看看轻松的电影、电视或听听音乐等。不妨把自己的生活感受以博客或者日记的形式写出来,然后分析分析哪些是消极的或者有抑郁倾向的表现,然后想办法摆脱它。

假期综合症:放长假也能得病。很多人有这样的经历,本来想趁过年过节放假期间好好休息一下并调整状态,回来加倍努力工作。结果,长假归来,身心却更累了,人也愈发犯懒了。尤其是长假过后的第一周,明明有一大堆事情要处理,却真懒得动弹,有甚者能盯着电脑傻坐 8 小时,半点没有上班的兴趣,心情烦躁,精力不集中,身心疲惫,睡不好,吃不香,没有上课或上班的激情,但检查一下身体一点毛病没有,这就是困扰很多人的假期综合症。

建议:长假结束前的前几天要收心了,尽量恢复假前的作息规律,及早调整生物钟,在饮食尤其是心态上要及时调整。提早有规律地休息,多吃清淡的东西,多喝水、多吃水果,做到起居有序、饮食定时、营养均衡、娱乐有节。

信息膨胀知识焦虑症:随着社会的发展,我们现在所在的生活环境已进入了一个"知识爆炸"的信息型社会,信息量的无限扩张,加重了人们的精神负担,给大家造成更大的心理障碍。如果对充斥的信息不能科学筛选而全盘接受,就很容易超过自己的承受极限,干扰大脑的正常神经系统机能,出现大脑信息处理机能紊乱的情况,导致现代信息膨胀综合征。求知欲强其实也是病,人们对信息的接收量成倍增长,而人脑的思维模式还没有及时调整到适应这样的吸收速度,大脑"收支"极不平衡,被迫吸收过量的信息,从而产生紧张和强迫反应等一系列的症状,如突发性的恶心、呕吐、焦躁、神经衰弱、精神疲惫,发病间隔不一定,每次病发时间也不一定。

建议:多睡觉,少娱乐,每天看一会书或者通过其他渠道获取知识,但是不要贪多,只看两种媒体的报道,接收的信息少一点,就能不药而愈。

2. 关注职场新人的心理问题

自卑心理:职场新人初出茅庐经验少,做事也不那么妥帖,容易犯错挨训以致产生自卑感,只看到自己的短处忘记长处,缺乏应有的自信心,畏首畏尾,久而久之,有可能逐渐消磨创造力,打击人的魄力、胆识和个性。

失落心理:职场新人往往社会经验不足,在初入职场的时候对工作抱有很大的理想主义色彩,很想大施拳脚大干一番,在心理上过于美化现实和职业,对社会生活的期望值较高。但是,理想总是美好的,现实总

67

第三章 抠门有理——学学账客们的理财奇招

是残酷的,这种一厢情愿的想法常常被残酷的现实打击掉。当发现工作环境比想象的差,自己的努力得不到想要的待遇,自己的奋斗成果没有被领导重视,经常遭到同事的排挤时,失落和沮丧便会油然而生,情绪一落千丈,影响了继续努力的信心和动力。

焦虑心理:一些职场新人不能尽快适应日常忙碌工作的高度紧张,使得精力不能集中跟得上,导致常常失眠和头痛。现在独生子女比较多,他们独立生活能力不强,初入职场在新的环境下不善于安排自己的生活,加上工作任务繁重,职场新兵们常常陷入一种忙乱无序、焦虑紧张的生活状态中。

浮躁心理:浮躁是刚踏入社会新人的通病,他们年轻气盛、喜好攀比,看到身旁有人挣了大钱,买上了新房,或者跟自己年龄差不多的同事加薪晋职,就心理不平衡、心浮气躁起来。这颗躁动的心让工作安不下心来干,事儿不能沉下心认真做,还有的一时冲动盲目跳槽。但受个人能力或外界条件所限,很多不能如愿的职场新人又陷入无尽的烦恼之中。

建议:刚走上工作岗位的新人,缺少工作经验,身份转变的过渡期有些心理上的不平衡是很正常的,但是要及时意识到并积极调解。及早意识到职场不是学校,不是家庭,身上的娇骄之气就要彻底戒除,切忌以自我为中心;遇到问题多与朋友同学倾诉,将心中的郁积一吐为快,并获得对方的指点、宽慰;多与父母、家人相聚,共享天伦之乐,也有助于忘却心中烦恼。但是,一定不要忘了加强学习,社会是一所新的大学,平时多注意沟通技巧和合作精神,也有必要学习一些礼仪、文化知识,脚踏实地走好每一步。

3.心理健康拿满分

金钱重要吗? 重要。金钱在现实生活中会对人们的行为产生深刻的影响。俗话说:钱不是万能的,但没钱是万万不能的。金钱却不完全是支付交换的工具,而是已经转化为人格化的东西。金钱会从某种程度上象征级别、尊卑、声望,个人的收入是富有和权利的装饰,是生活中最做作的两个因素,它还会带来的强烈负面情感产生对未来、失业、破产、羞辱的恐惧。

人们对金钱的情感态度是怎样的呢? 心理学家从一份万人的调查中发现,大多数人在形容金钱时首先感到的是焦虑、失望和无助,其次才是幸福和兴奋,当然其中还包括嫉妒、怨恨、恐惧、内疚、痛苦、怀疑和悲伤。心理学指出,可以用金钱买到幸福的例子很少,相反,金钱带来的担忧和不快总是占据上风。

尽管人们常说,"钱乃身外之物,生不带来死不带去"。但在现实生活中,人们认为金钱可以证明自己的权力地位和名誉声望,也有人认为金钱可以提升自己的价值,所以往往通过看一个人能赚多少钱来判断这个人在社会中地位的高低或是成功与否。人们面对他人时,经常会根据对方身上的着装或者住房好坏,用车是否名牌,来决定是否或者以什么姿态与之交往。心理专家发现,人们普遍认为金钱可以给人更多的独立、选择和自由的权利,而金钱带来的愉快、乐趣、享受则只是昙花一现的事。

正因为金钱给人们带来的更多的是忧虑和不安,如果一个人长期、持续地受到金钱所带来的负面情绪所累,那么他也就快产生心理问题了。心理学家认为,人们被金钱观念和金钱行为引出的心理问题有:在生活中把金钱看成最重要的东西,只因价钱便宜,便会疯狂的购买些自己既不需要又不喜欢的东西;即使身价数亿、腰缠万贯,用钱时也感到有一种浪费的罪恶感;无论是有钱还是没有钱,总是习惯性地哭穷;任何时候都清楚地知道自己的钱包或衣袋里有多少钱,连琐碎的零钱都了如指掌；在比自己钱多的人面前会有自卑感，在比自己钱少的人面前抱有不良的优越感；被出于正当理由问到私有财产时会感到不安、下意识地戒备；认为实际上除了钱其他的都靠不住。

其实对金钱的态度，管理金钱的方法，很大程度上就是在管理自己。希望每一个人对自己的人性、自我的人格真相和行为的实质根本有清晰的认识，以健康的方式，主动追求自己生命的意义和价值。金钱不等于幸福，也不能买来真正的幸福。我们透过现象看本质，揭开金钱那层神秘的面纱，就会发现钱并不能附属那么多东西，它只不过是一种商品，如果金钱失去了交换商品的属性，那么金币不过是一堆破铜烂铁，纸币也不过是一撂废纸。我们对钱要有正确的认识，不能为钱而活着，为它疯狂，为他着迷，不惜一切手段获取钱财甚至取之无道，但是没有钱的话生活也寸步难行，所以也不能像古代人那样蔑称钱为"阿堵物"，连碰也不愿碰它。金钱可以用来换取一定程度的物质或精神生活，我们都是俗人，不可能到达视金钱如粪土的境界，总而言之，我们对金钱的态度应是"取之有道，用之有度"。

其实从我们出生的那一刻开始，各种各样的困难就一直追赶我们。生活中有诸多不如意，许多原因都会使人们走进失落的世界。面对这些负面影响，我们必须设法摆脱阴霾的心理，使思维正常运作，走出心灵的误区。

首先要加强自我修养，遇事要怀着平和安定的心态。人的生命由萌芽走向旺盛、衰老直至消亡，是无法抵抗的自然规律。我们要学会面对它，应当养成温和、热情、开朗的个性，无论身体上出现什么样的变化，都能平静的去接受，并朝着良好的方向调整自己的生活方式，选择健康合适的节奏，主动避免因身体衰弱的变化而对心理造成的冲击。

不但要懂得面对,还要把生活安排得丰富多彩,培养多种兴趣。适度紧张的工作可以避免心理空虚和失落感,令生活更加充实,从而改善人的抑郁心理。平时多与人交往,参加一些有趣的活动,培养有益的爱好,活动多的人总会觉得时间不够用,生活够充实就没时间再去感伤太多,还可以增强生命的活力,拓展生命的长度和宽度,让人生更有意义。

生活中也要尽力寻找多种情绪体验的机会。首先是多为自己的事业考虑,创造新的成绩,开拓新的领域,跃上新的台阶;要学会关心他人,与亲友、同事同甘共苦,分享彼此的喜怒哀乐;可以多参加公益活动,为自己和后代造福。最好是有一门爱好,无论琴棋书画、收藏鉴赏,都会带你进入一种全新的境界,在你喜欢的世界中寻找更多的乐趣,保持心情宁静。

在变幻莫测的环境中,保持平静的心态,懂得如何选择吸收所见到的各种信息,提高应变能力,将庞杂信息分类归纳、分析研究、综合判断,使其条理化。这样就可以避免杂乱的信息干扰自己的思维。勇于接受富有挑战性的工作、生活,可以激发人的潜能与活力。也可以通过主动性的环境变化调节自己的心境,使自己始终保持健康向上的心理状态和健康的生活。

第三章 抠门有理——学学账客们的理财奇招

第三节　节省小窍门，积少成多攒大钱

通货膨胀下，作为普通百姓，到底怎样才能在不降低生活品质的前提下，降低生活成本呢？物价飞涨，工资不涨，怎样才能做到不乱花钱呢？

赵洁在某供电公司工作，月收入不菲，作为 80 后一族，她和许多女孩儿一样，常常会被商场里琳琅满目的商品吸引，一逛街，就控制不住自己的购物欲，看到喜欢的就会情不自禁地往外掏钱包，特别是见了打折商品更是控制不住冲动。结果家里囤了很多只用过一两次，甚至从来都没用过的全新的东西。为了多省钱克制自己盲目的购物欲望，她给自己制定了一个花钱"三三原则"。一是平时多看书少上街，要逛也叫上几个闺蜜。因为逛街时看到喜欢的商品，如果一个人就很可能一冲动就买了，但是多个人逛街就得要征求大家的意见，各人的眼光不同，观点各异，七嘴八舌一讨论就让她有更多的时间考虑，多打几个问号琢磨之后，购买的欲望也就淡了，也就理智了。第二，要货比三家。现在早已不是物资紧俏的时代，商品的花样很多，即使是同一商品也在很多商场有售，而且可能另外一家比这家更便宜。现在都是商家追着消费者，所以看到心仪的商品，不急于下单付款，转转看，会有惊喜。第三，找三个以上不买的理由。自己是不是非买这个东西不可呢？缓缓,给自己三个不买不付钱的理由,别说,这一招真把她的冲动购买欲望消磨得差不多了。遵照这"三三原则"购物,赵洁每月购物更有道了,冤枉钱花的少了,月月有了不少节余,家里少了这些负担,生活更轻松了。冲动是魔鬼,在任何花钱行动前别急着付钱,让自己沉思、深呼吸,给自己至少几分钟的思考时间。

智慧在民间。普通人的生活智慧启发我们,省钱不是降低生活质量,其本质是一种积极的生活态度,要省钱得先要学会科学花钱。吃穿住用行,省钱无时无刻,无处不在。所以通胀下的节俭生活并不是我们想象的难过枯燥——花最少的钱,做最多的事,过更丰富多彩的生活。当合理节俭成为一种社会时尚时,这样的生活态度应该赢得喝彩和掌声。

爱美是人的天性,现在的服装五花八门,讲究美丽时尚,每年每季的流行元素都不同,但如果你细心看看,总能找到相似的地方,假如你不用心去体会时尚,只因为便宜或者第一眼的缘分,就将衣服买回去,回家你会发现,它也许与当下的时尚不符,甚至自己没有可以搭配的服装,再看几眼或许你就不再喜欢,于是只能把它永久的挂在衣柜中占地方。想要避免这个情况,就要常逛商场,但不是盲目购物,而是搜集打折信息,时尚信息,很多好东西本来就是可遇而不可求的。在换季时可以购买经典、容易搭配的款式,非常低的价钱买同样质量的衣服。如果看中有些大牌的款式可以到外贸店去淘一下,会收获到意外的惊喜。

学习砍价,也许你一进入某家店就已经看上一件衣服,但你千万不要眼睛闪亮亮的盯着这件衣服不放,每件都挑挑看看,然后再拿着你最爱的衣服询价,挑拣出衣服上的小毛病,让卖家自己降价,如此继续,就

可以用低价得到你喜欢的衣服了。

其实所谓流行就是反复的折腾，今年流行长款，明年流行短款，后年又复古回来了，就那几件经典款，想出不同的搭配方式，只要合乎本季潮流，就是一身漂亮的衣服了。管理好自己的资金，就要先学会搭配原则，没事多看看时尚网站或者杂志，再多给自己置办几件经典百搭衣服。

大型商场常常会有打折促销的活动，不要错过哦。其实商场经常会搞些活动，但不是每次活动力度都够大，如果到了商场店庆或赶上过年时去买东西，折扣力度往往是最大的，买到的东西才最合适。

去商场最好要在打折时，去外面的各种外贸小店，最好是挑那种"房租到期"，或者是不想继续经营的店里去淘货。停业或是想转兑的小店里的东西往往剩得不多，但不代表就没有精品，所谓"淘"，就是要仔细挑选，一定能找到合适的。但是要注意，去那种店淘货得睁大眼睛，要精挑细选，有很多商家打着"甩货"的幌子在那吸引顾客，这时候就需要你长期积累鉴赏眼光了，便宜是关键，但更重要的是不能上当。

一、广泛撒网四方搜集特价情报

谁说时尚就一定意味着要奢华、铺张？日子要过，钱要少花，还得保持品质？在国际金融风暴席卷全球的今天，全世界都在倡议节俭，并把节俭作为一种文化加以推崇。面对攀升的物价，时尚达人们除了提升自己赚银子的能力，还得提升自己省银子的技巧。

现在如果在搜索引擎中输入"折扣"两个字，就会跳出海量的折扣信息和网站，折扣信息让人目不暇接。这些打折消费网页实时发布各类消费场所的优惠活动信息，告诉你哪里正在打折，折扣是多少，有的甚至还提供部分商家的优惠券、打折卡等，"折扣消费"时代已经来临。网上信息多，实体折扣店也像一块巨大的磁石，吸引着不同层次、不同年龄、不同需求人的注意力。折扣商品营销目前已经成为一种新的业态，消费者在头脑中已形成了"折扣消费"的理念，无论是名品还是普通商品，"不打折不消费"已成为很多人的共识。于是，热衷于收集各种优惠打折券一族被成为"券券族"，喜欢搜集特价信息并买特价打折商品一族被叫做"特搜族"。

穷追不舍买实惠货：每次到超市或商场购物，"特搜族"都会在购物架前来回搜索，反复比较，直至找到性价比最高、价格最低的物品才肯出手。

电影看打折的：好电影尤其是3D电影要想看出感觉还是要去电影院。除了人所皆知的星期二全天电影半价外，有的电影院还有"信用卡之夜"——拿着指定银行的信用卡可享受优惠，有的电影院会对女士提供半价优惠活动。或者，周末早起几个小时，看早场大片最便宜只要10元，总而言之，想看电影还少花钱就得平时多关注信息。

享受"券生活"：越来越严峻的生活逐渐改变着人们的消费习惯，很多精打细算一族在消费前会掏出一份各种优惠券，凭打折信息购物，或者用餐饮优惠券就餐，"券券族"们手拿各式各样的优惠券过上了自己的幸福生活。比如，常吃肯德基、麦当劳的人都有这样的体会，拿着优惠券几乎每样食品都能省块儿八毛的，有的甚至好几块钱，一顿饭下来没有折扣券要比拿券的多花不少钱，每个月吃上几次就能感觉没券儿会多浪费不少钱。如今，"券券族"们出门前一定带上收集的优惠券或者下载电子券到手机上，凭优惠券就能在商场、餐厅、景区获得不同幅度优惠甚至直接打折。

怎么获得优惠券呢？其实各大商场折扣券到处都会发，平时多注意积攒别都当废纸扔了就是。其中餐饮业的折扣券最多，不过现在其他服务行业的券也非常多，购物、健身、摄影、旅游等涵盖范围非常广。这些折扣券的折扣幅度从 1 折到 8 折不等，折扣的纸面价值有的高达数千甚至上万元。平时逛街或者上网多留意就能发现很多有用的优惠信息，所以只要留心，生活处处能省钱。还有一些专门的网站如"中商网"等也提供自行打印的电子折扣券，或者有的化妆品、食品店开业时可凭券免费领取小礼品等，多多收集并善用其中对自己有利的信息，肯定可以做到又省钱又享受。

小提示："淘券族"应学会理性消费

现在提倡低碳生活而且电子优惠券比较方便不占空间，想用了下载打印几张就可以，所以得到很多人的喜欢，风靡一时，甚至被看成是一种新的消费模式，能有效帮助年轻人节省生活和时间成本。

不过有人认为，淘券族不能一味为了省钱而盲目跟风，这会给不法网站提供可乘之机。在网络安全秩序还未建立之前，淘券族们要学会保护个人权益。现在折扣网站参差不齐，网络诚信机制缺失，消费者的个人隐私信息被无良企业以高额交易贩卖给众多营销或猎头公司，个人生活受到干扰，盲目寻求电子优惠券的消费者就是受害者之一。

所以，省钱固然重要，网络实名制和相关有利于保护网络消费者权益的法律法规未出台之前，"淘券族"们更应该树立理性的消费观，注意个人信息安全和隐私的保护，不要贪小失大，为获得小小的打折券而损失个人大利益。

二、团购当道，拼的就是实惠

节流——爱"拼"才会赢

这些年，"拼"这个字越来越给力，得到很多人的拥护。拼客成了年轻白领们字典里的常用词。指几个人甚至成百上千人共同完成一件事，采取 AA 制模式消费，费用分摊、优惠共享并可以从中享受快乐交朋友。拼的种类五花八门，涉及到生活的各个方面。从两三个人合拼租一套房解决住宿问题，几个人一起拼车回家过年，到拼餐、拼购、拼卡、拼宠物、拼游、拼学、拼友、拼职等，"拼"生活无所不包。拼客们将实惠、方便的精神发挥到淋漓尽致。

拼卡，让消费更划算。

办一张购物或者健身美容卡都价格不菲，而上班族经常比较忙也没机会用，导致了极大的浪费。于是乎，有人又想到了"拼卡"。两三个人合购一张卡，时间可以自由选择又可以避免一次大"出血"，享受折扣优惠。只要卡，你就可以尝试一下哦。

拼吃，少花钱尝更多美味

现在，在各大社区或论坛上，各种形式的"拼客"非常多。已经有越来越多的人加入拼客行列，他们拼住、拼车、拼吃、拼旅游、拼家教，只要能拼的他们决不独自承担。他们集中消费，分摊成本、共享实惠，又交友识友。总而言之，拼客们倡导的不仅是理财省钱的妙招，还是一种"节约、共赢"的新型生活方式，拼出的效果是将节俭的精神发挥得淋漓尽致。在一些城市，越来越多的人加入拼车一族，有车的和没车的一起拼，单号和双号车的一起拼，每天拼着一起出行，并享受拼车带来的省钱、交友乐趣。"拼客"的天赋就是整合资源。不管拼什么，都是人们为了节省生活成本想出来的居家妙招。

生活中只要想拼，把能够想到的、可行的都拿来"拼一拼"，不仅节省了开支，还会赢得一份分享的快乐。做拼客，让节约、勤俭持家这些看似老土的消费观念重新变得时尚起来。其实，"拼"字不是代表抠门儿，而正如有的拼客网站上宣传的：我们展示的是一种精明与节俭的生活理念，追求的是足金足量的生活品位。当然做拼客需要的是信任、靠谱、胸怀和包容，不然拼不长久。

2010 年最"fashion"的一种互联网新型购物方式是什么？非"团购"莫属。团购网站每天只推出团购一款或几款日用产品，因为价格低廉，参与方式便捷而广受消费者喜爱。从以往简单团购装修建材，发展到现在已经无所不团，洗发水、帽子、零食、写真摄影等，团购已成为很多人的最新省钱秘笈。留意"拉手网"等大型团购网站发现，现在网友们团购的物品涉及到日常生活的衣、食、住、行、玩各个方面，大家只要按类别搜索就能找到合适的商品并团购。有的网站还会推出免费体验、一元秒杀等惊爆的团购方式吸引人眼球，痴迷团购的团一族享受着新兴网络消费的新鲜刺激感，还为自己争得了实惠，省下了很多钱。

不管是拼一族还是团一族，都是集中力量办大事，花最少的钱买更多的东西，分散承担压力。究其兴起主要原因有：目前各种商品价格猛涨，仅凭个人力量难以承受，大家聚在一起合力承担便是不错的主意，例如"拼房族"，还有拼车、拼餐、拼购、拼旅游等都是如此。由于合伙消费一般能带来比个人消费更强的砍价力,容易从商家那得到更低的价位,一些经济头脑机灵的人便主动联合亲戚、同事、朋友等其他人结成消费团伙,而互联网、手机等现代工具的出现又提供了便利,并大大拓展合伙的范围,甚至连陌生人也能结成消费伙伴,团伙消费目前方兴未艾。即使说一些消费并没有高到难以承担的地步,但以合伙消费的方式更为经济合算,更容易以最小的支出获取最大的收益,提高效率,减少经济支出,提高资金周转的效率等。

团购小贴士:

1. 选择真正适合自己的产品。团购不一定优惠很大,要多挑选多比较。而且不能因为某个团购的商品价格便宜就冲动买了并不需要的东西。所以在团购时,通常应尽量选择较知名的品牌,可以得到实惠较多的产品,如果是几百年没听过的品牌,在网上也没有什么人知道,价格优惠幅度不够让你满意的话,就不一定要选择参加了。

2. 多方比较、谨慎下手。团购价格不一定就是最低的价格。在参加团购付费前,自己先去实体店询问一下市场价,试着还还价,是不是可以还到比团购价更低的折扣,因为很多团购组织者从中得到很高的提成,而使消费者并未真正得到实惠价格。但切记,自己去商家的时候,不要在店面喧哗我是团购成员,我要什么价格,这样会影响商家的正常店面销售,自然也影响了团购的正常进行。

3. 考察售中与售后服务。在团购时,服务是很重要的一点,所以在购买时一定要注重服务质量,这些内容可以通过正在使用该产品的老用户征求意见得到。可以通过网上其他人的评价观察,或者问问其他已经买过的网友。

4. 认真阅读团购协议。服从团购组织者安排。团购前要仔细看清协议的每一条，有问题及时向团长提出，直到获得满意准确的答案后再选择是否参加。另外可以与其他消费者建立良好关系，以后在使用中说不定可以相互沟通呢。

三、货比三家，只淘性价比最高的

奢侈与理财无关，奢侈要的是一种"范儿"，只买贵的不买对的，明明一块钱能办成的事，也非要花十块钱，不为别的，为的是满足一种心理。而理财追求的是钱财的使用效率，只买对的不买贵的，如果一百元能办两件事，绝不光干一件事。节制欲望、计划开支是日常理财生活的基本元素，而奢侈与铺张、浪费相伴，与理财基本无缘。

居家过日子，谁都希望花最少的钱买最多实惠好用的东西。所以，面对价格疯涨的各种生活日用品，有的人选择委屈自己勒紧裤腰带能不买就不买，有的人却开动脑筋，运用智慧，抓住一切机会"淘宝贝"。

淘批发

一般来说，每个城市都有各种各样的批发市场，货物齐全价格低，而且虽然是批发销售，但大部分商家都零卖。如果弄清楚了每个批发市场的产品特色、分布和价位，想买东西了，抽个时间跑一趟，多半会满载而归。虽然累点，但省钱了也能淘到好货，尤其省钱得实惠的满足感，会让你心情舒畅，很有成就感的。

淘小店

买衣服非得到品牌店或者大商场吗？如果你不心疼花钱就去吧。

如果你想花小钱买漂亮衣服,建议你多去小店逛逛。在专柜试衣服是不须要花钱的。在专柜上试好后去小店里淘样式几乎一模一样的。其实,很多品牌折扣店的服装都是正规货,不仅款式新颖,质地也不错。淘这些小店要靠技巧,有的时候便宜价格也能淘出许多好货。还有,到小店买衣服要有耐心,许多小店藏在不起眼的地方,里面其实款式不错的衣服很多。有的人在店门口扫一眼发现没啥好看的转身走了,这种淘法,逛商场还可以,逛小店肯定是不行的。你得有点耐心,慢慢找,就能淘到物美价廉的漂亮衣服。没事的时候约上三两个朋友,去一些小的品牌折扣店,慢慢逛,慢慢挑选,看上合适的,只要款式、质地、价格合适的立马拿下。

淘一切可淘之物

最近,各大网站又流行了个新词——"夜淘"。专指在晚上趁商家甩货疯狂打折"贱卖"时候,将想要的物品便宜淘到手。比如买菜选择在晚上七八点钟的时候到市场扫货,能比白天价格便宜最少一半以上,到这个点店主们都急着回家吃饭,通常不会和顾客过于计较,还有的在超市临关门时淘面包、蔬菜等。有的为避免网络塞车半夜上网淘宝,一些年轻人还喜欢在夜里进行物物交换。这都成为都市时尚男女夜生活的新选择。

"淘一族"潮语录

购物狂不等于乱花钱,只要买的东西都是有用的,就是成功的购物狂。

物超所值购物会上瘾,用最少的钞票换到最优质最中意的商品,是

一件非常爽而且有成就感的事情。

四、海囤虽好，但绝不囤积同类用品

动物一到秋天就开始囤积粮食为冬天准备，现在有一群人的生活就像动物过冬一样储存商品，俗称囤囤族。他们平时留意各种商品信息，一旦遇上打折促销时候，便像打了鸡血一样幸福，大买特买，然后将货品囤在家中备用，以应对价格上涨。2010 年，囤囤族队伍更加扩大了，他们囤米囤油囤日用品，只要是不容易坏、易储存的都成为他们的目标，尤其遇上价格便宜、质量不错的商品，他们会毫不犹豫买上一堆，储存起来以应对物价上涨。

囤一族小贴士：

最好不要囤积有保质期和试用期的物品，尤其是食物，购买时一定确保物品不过期或期限内能用完，否则就会得不偿失。一旦因食用过期食物而中毒，那就惨了，不省钱反而花更多的医药费。

尽量不要囤积同类物品，物美价廉的商品固然诱人，但千万不要冲动购买，最后造成囤积过多，这种做法会造成极大的浪费。

五、专挑淡季出手，把握规律逆向消费

巧打时间差是省钱的基本招数。

有的地方推出分时电表。为了省钱，错开平常用电高峰，多在晚上10 点等电费便宜时使用电器，比方说晚点儿用洗衣机洗衣服，晚点儿熨

衣服,都是错时省电的好办法。

旅游也不要跟着凑热闹,如果黄金周出游,跟全国人民挤到一起那就不科学了,累个半死挤得要命不说,还得支付更贵的门票,玩儿也玩儿不好,光看人头去了。改变的方式很简单,避开旅游高峰,比如利用带薪休假的年假出游,或者将假期推迟一段时间,试试,旅游的心情和看到的风景当然不一样啦!

周一上午和周四晚上这两个时段旅客最多,所以尽量避免出行。选择每天中午或一周的中间日子如周三坐飞机。机票的折扣通常会隔夜重新调整,要多留意。另外,乘坐转机航班会比直飞航班便宜许多,规模相对小的通常比大型航空公司的航班更便宜。

至于在人少的时候到高档餐厅喝下午茶,到 ktv 享受几小时的优惠欢唱,换季的时候买打折衣服都是节省金钱的实用妙招,就看你用不用。

选择恰当时候买菜也是省钱的妙招。一天之内蔬菜的价格是有波动的,早晨刚上市时,蔬菜一般都还十分水灵、新鲜,相应卖价也就高,接近中午时候,蔬菜销售已接近尾声,商贩们着急回家吃饭而且这时也卖不上价,出货要紧,菜价也就便宜下来,最适合去买菜。

六、鼠标一动,网上扫货省时又省心

网店的经营成本相对较低,商品的价格更容易对比,顾客忠诚度不高,转移购买目标更轻易,所以竞争更激烈。同一样东西,网上的价格往往比实体店便宜不少。所以,现在有条件的几乎都会选择网购,包括各种居家消费品,方便在网上购买绝不逛商场多花钱,一年下来,很是能省一笔可观的银子。而且网购可以送货上门,非常方便。据介绍,在诸如

淘宝、当当、京东商城等大家耳熟能详的网店上购物，平均价格较市面上便宜30%，还省去了逛街之累，尤其对宅男宅女来说，鼠标一动，什么日用品都来了。再加上大多数购买者免去逛街环节而节省下来的路费、冷饮费、劳苦费，难怪网购如此受宠了。

网购小贴士：

网购有风险，下手需谨慎。网上卖家鱼龙混杂，购买者要小心谨慎，多向有经验的人请教。

网购时尽量选择信誉高的网站或者商家旗舰店，这样物品的质量相对有所保障。

别忘了，去各网上商城购物可以通过返利网获得返利。返利积少成多，网购次数多了，就会省下一大笔钱。

不轻易尝试在网上买鞋子衣服。建议你在网上买正规大品牌，而且是你在实体店试过的东西。别太相信照片，PS 高手很多，他们能整容，何况一个照片。

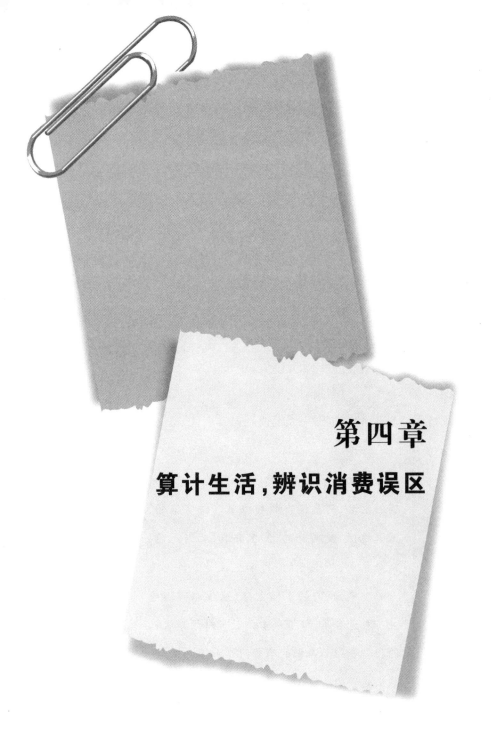

第四章

算计生活，辨识消费误区

在生活压力增大的现实之下,要想过充实的生活,就要懂得精打细算。讲实惠的,回家吃饭;爱猎奇的,淘宝掐算;砌新居的,极简主义;开小车的,拼车交往……节俭是一种态度,我们的生活主张,应该以节俭为主。避免奢华,降低成本。长期对预期收入的担心会影响人们的消费习惯和审美情趣,越来越多的人会尝试并由此习惯、以至爱上节俭生活。

第一节　合理消费——
该省的不花，该花的不省

我们开章就讲了记账，记账是了解自己日常收入消费结构最好的方式，但只是记账还不够，还应该定期分析各项开支，归纳出固定及额外开销，才能将记账的意义发挥到最大。从记账内容中找出每个月的固定开销（如房租、车贷、水电费等）及额外开销（例如朋友聚会、探亲访友、添购新装），针对额外开销做检讨，提醒自己哪些是可以缩减的开支。

拟定每个月的支出预算。记账时间久了，就可以大致估算出不同类别活动所需要的基本花费，这时就能事先规划每个月的支出预算，让自己知道有多少闲钱可以盘活。

除了精确记录各项开销之外，同时也要透过记账本定期审视自己的支出状况，我们难免会有很多额外的支出，随时调整消费比重。经常查看自己记录的账目，可以及时发现超出计划的支出并做出调整，就可以将自己事先计划的预算坚持到底。

一、这些钱该花吗？

你的生活花销是在你掌控之中吗？你是节俭主义者还是浪费主义

者呢？别急着回答我的问题，先让我们看看下面的评定标准。

1. 冲动的消费。

通常仅凭直观感觉或受某种情绪的支配，往往一时冲动或因贪图便宜虚荣等心理去购买商品。冲动型消费者自控力较差，更容易受到广告宣传的影响，在情绪不受控制的时候消费购物。

这类人群偏重情感购物，一见到漂亮时髦的商品或是只看到华丽的宣传就控制不了自己的购物欲望，不懂得货比三家，碰到觉得喜欢的物品不管贵贱立刻买下，在决定购买的同时立马掏出钱来，根本不给自己空余的思考时间。

你是不是冲动的消费者？如果答案是确定的，首先算算这个习惯的成本吧。如果每周都冲动地买个价值 30 元的东西，一年下来得花 1560 元。当然，偶尔奖赏一下自己可以调节情绪，但不要太过分。如果经常有人陪同购物，并且还鼓励你去购买超过预算的东西，那么在逛街的时候最好还是自己一个人去或者换个人陪吧。

2. 消费时间不恰当。

赶时髦和追随时尚都是需要代价的，其中之一便是钱。买刚刚送到商店里的货品或当季的衣服，都是很贵的，花不少银子，但是如果你拖一拖，再过半个月它们的价格通常都会降下来，特别是在反季的时候，折扣大得让人尖叫。很多商品都是在刚刚上市的时候价格高昂，但过不了多久，价钱就降下来了，所以不要赶着潮流买东西。

3. 买了方便。

便利店虽然方便快捷而且是 24 小时营业的，但其实它的价格要比其他的地方贵很多。如果你改变了从便利店买东西的习惯,就会发现自己可以从中省下一大笔钱。

4.买了身份地位。

很多人认为拥有了金钱就拥有了全部。他们为了彰显自己的身份,用钱去买很多昂贵的东西、超大的房子来证明自己的社会地位。真是得了面子,失了金钱,丢了"里子",得不偿失。

二、前五位最喜欢乱花钱的星座

第1名:狮子座

狮子座其实是非常精明的一族,善于挖掘各种方法让自己少花钱多购物,哪里有团购,哪里有优惠券,他都非常了解。但是,狮子座天生爱表现,如果在他买东西时有人在旁边,那么他就失控了,购物欲望大大压倒省钱能力,花钱大手大脚,出手阔绰,平常辛辛苦苦省下的钱立马花个精光。

第2名:天蝎座

天蝎座购物其实注重的是物欲的满足;如果物品是限量版的,或者足够大牌能够代表一定的身份,也或者他很想拥有,那他十有八九就会一掷千金拿下。尽管他也不一定认为这个昂贵的东西物有所值,不过没关系,他要的是一种感觉,让别人知道他是一个不在乎价钱的、有品位的人,这就足够了。

第3名:射手座

射手座跟天蝎座有些相反,他不迷信名牌,但会逮啥买啥,毫无目的和规划性,常会乱买一大堆无用的廉价品,直至多到堆积如山。他是冲动型的消费者,尽管他会辩解自己买的东西都很便宜,是很会省钱勤俭持家的,但是仔细一想就会发现,从这种花钱方式上来讲,用"得不偿失"来形容射手座再合适不过。

第 4 名:白羊座

白羊座的花钱如流水方式跟射手座有得一拼,即使冲动消费后心里有一点点的悔意,也立马会被一堆强而有力的、自我安慰的理由消灭掉,如为了工作、为了交友等。总而言之,白羊们是花钱无节制还要名正言顺希望众人支持的一类。

第 5 名:水瓶座

水瓶座花钱稍微少了些冲动,多了些考虑,他花钱力求物有所值,尤其是要花大钱时,更要物超所值,看起来是非常精明的一类人,但是有时候可能走到要贷款的田地,说到底还是不太精于理财,所以水瓶座的人为了不沦落到透支得一塌糊涂的地步最好别办信用卡。

三、合理消费改掉乱花钱的坏习惯

拿我们最重要的衣食住行举例,人人在其中都躲不过乱花钱的嫌疑。比如吃东西,白菜馒头就可以管饱,现代人的生活水平都有所提高,家家顿顿吃肉几乎不成什么问题,可有些人偏偏要求每顿饭要吃鱼翅鲍鱼,同样是充饥的食物,价钱却是天差地别,虽说高档食物中有更高含量的营养,但是也需要看自己的能力行事。再比如住房,板楼是住,塔楼也是住,高层公寓和别墅是一个级别高过一个级别,很多人不喜欢板楼,希望住的高,望的远,但是住塔楼又嫌通风和朝向不好,于是就选择高层的公寓,当然有钱人可以选择住别墅,地方大,私密性也强,但对于普通的老百姓,高一个层次就是高一分的负债,如此债上加债,终于将自己压垮,其实说到头,房子不过是一个遮风挡雨的地方而已,何必如此难为自己呢。

也许有人会说这是在偷换概念,穿皮衣、开高档汽车之类并不能说明他们的消费行为就不是理性的,关键是看消费者有没有相应的经济承受力。确实,每一个人的经济状况不同。有的消费行为在你的角度是理性的,在别人那儿也许就是不理性的;有些则现在看来是属于不理性的,但经过一段时间的努力或者环境的改变就顺理成章了。不过从长远生活的角度去看,还是要提倡节俭。

我们应该如何避免挥霍金钱的习惯呢? 一个解决的办法,就是以积极正确的心态去取代消极的消费态度,就像减肥者选择运动减肥和节食减肥一样的道理。

合理消费要控制购物欲、克制冲动消费、改掉无计划消费的习惯。有的人特别喜欢逛商场,常常是有事没事抬腿就去商场转了,一般转了就不空手而归,这些人有强烈的购物欲,甚至养成了难以戒掉的癖好。这种习惯与节俭持家合理理财背道而驰,有悖于量入为出的原则,必须改掉。要计算着生活,做到不该花的不花,首先要知道自己真正想要的是什么,而在这些想要的东西中,哪些又是生活必须品。在头脑中植入"选择性消费"的概念。面对想要的东西时,你要问问自己,到底多么想要花一笔钱来买这东西,而不是强制自己不能花这笔钱。不要以为选择性消费很简单,其实人的自制力有限,需要不断的练习。可以根据自己必须物品的先后顺序列出个欲望清单。想一想用同样的金额,还可以购买哪些需要的东西。至少要货比三家,你将会看到完全可以掌控自己的欲望,它使你清除身边的种种干扰,让你直接的找到需要的东西。如果将这个方法继续下去,并且能够正确运用省下来的钱,成为富翁也不再是遥不可及的梦想。总之,别有事没事往商场跑,闲不住就多读读书充充电,或者跟家人朋友聊聊天联络感情。

还要克服从众的消费习惯。大部分人都有从众心理,但是我们要知道,每个人都是不同的个体,别人需要的东西你未必需要,别人穿的好的衣服你可能穿不了,套用哲学观点就是花钱都要一切从实际出发,千万别为了虚荣,怕落伍、怕不入流而胡乱花钱,花不该花的钱买一堆烦恼回来。要养成量入为出的习惯,要慎重消费。

第二节　你真的会用信用卡吗?

现在几乎人手一张甚至几张信用卡,花明天的钱享今天的生活是一种新的时尚和生活态度。

信用卡消费固然方便,但在使用上还是会出现很多盲区。

在国企工作的小雨就因为还款上出现的纰漏,为自己惹上了麻烦。小雨很早就开始使用信用卡,一直按时还款,在信用卡上也没有遇到过任何麻烦。上个月,她刷卡消费人民币 2 万元。在还款日前,分多次还了这些消费金额。但她记错了还款金额的零头，少还了几毛钱。令小雨惊讶地是，银行在次月底却对她算了两笔共计千元的利息，是所欠金额的 1000 倍！

从网上查到账单后，小雨立即致电信用卡银行的服务热线进行咨询。原来，根据小雨办卡银行的规定，如果用户单月没有足额还款，要按整月消费的金额来收取利息。这么说来，虽然小雨只欠银行几毛钱，但利息是跟拖欠 2 万元一样的。小雨非常气愤，但是更多的是无奈。

一、对信用卡的错误认识你有吗？

先消费，后付钱，听上去挺不错，但其实谁都知道天下没有免费的午餐。很多人在签约领卡的时候，对使用条款可能还没有真正了解甚至连使用说明都没看，所以对银行一些规定和收费项目心中没数便胡乱消费，等到账单日拿到账单就傻眼了，有的会以为银行乱收费。信用卡的使用误区，你都注意到了吗？

1. 免费卡"不办白不办"

现在有些银行的信用卡有刷卡够次数免年费活动，还有开卡送礼等优惠活动。种种诱惑不免让人心动，有人就一时兴起赶潮流办卡，甚至一办就是好几张。不过拿到促销礼物之后，就把办卡的事丢在脑后，卡片也不知所踪。

有人说银行的借记卡也可以省掉现金消费的麻烦，信用卡又有什么高超之处呢，其实信用卡不但可以不使用现金消费，还有提前预支的功能。但一定要记得按时还款哦，免息期一过这些预支的费用可就利滚利了。虽然银行不会用高利贷的方式催讨现款，可是如果你长期不还款，银行会以恶意欠款的罪名向法院提起刑事诉讼。

所以，千万不要随意办卡。如果卡已经发下却不想使用，需要向银行主动申请注销，不同的银行有不同的规定，有些银行注销申请必须以书面形式。

2. 卡越多越好

许多人因为担心一张卡额度不够自己的日常花费而同时申请多张信用卡，大部分人常常使用其中的一两张，只有在出国或者购买指定信用卡的商品等有特殊消费需求时才会用到其他卡。这样的使用方式其实无助于解决自己的消费或理财管理，因为许多银行的额度提高弹性不同，你只有多用卡，并确保按时还卡钱，才能使银行信任你，给你一个高弹性的信用额度。

一般情况下，对于平时经常刷卡消费并及时还账无呆账的持卡人，银行会主动在半年或一年的时间里重新评估持卡人的信用及需求，自动提高持卡人的信用额度，并能帮助持卡人在有需要时得到其他的信贷支持。

而如果从一开始就为了省年费，将手中的几张卡轮换着使用，那么单个银行显示的刷卡量很低，银行一般不会主动为你提升个人信用额度。所以将自己的支出集中在一两张卡（最好不要超过三张）有利于账目的集中管理。

3. 信用卡没使用就不用交费

有人认为虽然办了信用卡，但是没有激活就没有费用，不用交钱，这是个误区。多数银行发了信用卡，不管你是否已经激活都要收取年费。信用卡激活与否与收取年费没有直接关联的。目前只有光大银行等少数商业性质的银行是不激活不收费。所以,办信用卡方便自己的日常生活就好,千万不要被办卡送的礼物和漂亮的卡面吸引一时冲动,每个银行的信用卡都挨个办一张,最后还会给自己惹上一身的麻烦。

有些人不是为了消费和理财需要,所以就在同一时间内办理很多张信用卡,但是办多了也没什么用,所以就不激活,放在钱包里等着它到期作废。其实这是错误认识,如果你在办卡的时候没有特意交代到期不续卡的话,银行就会在到期时自动为你的卡续约,年费之类的该扣还是会扣的,所以,如果你仅仅是为了要这张漂亮有意义的卡面,建议还是最好自己跑趟银行办理注销手续。

4. 用人民币还外币很方便

现在比较流行双币信用卡,许多人中意"外币消费,人民币还款"的便利。

其实,这种双币通用的便利根本没有想象中那么简单。各家银行对购汇还款的服务和汇率问题的规定还是有很大区别的。有些银行要求持卡人要亲自到银行办理回购,通过繁杂的手续帮助账户还款。其实涉及到外币,银行可以提供的便利就很少了,还是要亲自跑一趟去办理相关手续。有些银行提供较方便的电话购汇业务,不过这种业务要事先存入足额的人民币,然后再打电话通知银行办理。但是你一定要记得按时打电话,否则就算你卡里有足够的人民币,也不能主动进行外币透支还款。

其实招商银行和建设银行现在提供的自动购汇业务比较便利。持卡人可以委托银行自动从相通的人民币账户中到期自动购汇还款,不用刻意记录还款日期,还省了不少车马费和电话费。

5. 像借记卡一样提现

在十万火急非常需要现金时，我建议你宁可向亲戚朋友借钱，也不要从信用卡中提取现钱。银行发信用卡的主要目的是促进消费，客户消费次数多，银行就能赚取更多佣金，如果客户直接用现金消费，银行就赚不到钱了。用信用卡取现的同时还要承担超高的手续费和利息费。有些银行的取现费用超高，即使取 100 元现金也要缴纳高达几十元的手续费给银行。即便是为了应急而用信用卡取款，取现后一定要记得尽快还银行的钱。各家银行都有相似的高利息规定，用不了几天取款的利息甚至会超过你借银行的钱，这是很得不偿失的。信用卡根本不像借记卡一样，可以享受免息的待遇。

6. 提前还款很保险

很多人讨厌每个月定期跑到银行去还款，如果忘记的话还要付出更多的利息，所以干脆提前存进一大笔款项，让银行慢慢扣。不能用这种态度去对待信用卡。

首先，存在信用卡里的钱是不算利息的，等于你给银行一笔"无息贷款"，而不是银行给你的帮助。而且你把信用卡当作借记卡来使用，可他们的扣税方式是完全不一样的。很多银行规定，从信用卡中取现金，无论是否透支，都要支付取现手续费，而且费用超高。这样的话，就失去了办理信用卡的意义了。所以，除非已经计划好要用这张卡消费，而且所要花费的数额已经超过这张卡的透支限额，否则最好不要在信用卡里存放资金。

二、信用卡，只选最合适的

现在普通人申请一张信用卡已经不是难事，而且很多人甚至两三张各个银行的信用卡,是名副其实的"卡奴一族"。不过大多数人办卡是稀里糊涂的,至于怎样选择卡也云山雾罩、懵懵懂懂的,选好用好信用卡不容易。若是用卡得当,则会成为个人理财的好帮手,否则,反而会成为个人经济的负担和风险。如何选择银行和合适的信用卡卡种呢?

如今绝大多数国有和商业银行都可办理信用卡业务,有些银行办卡条件还非常宽松。不过,各银行经营政策不同,所以在信用卡业务的完善程度,包括信用卡业务、积分规则、安全系统、收费情况、服务水平方面都有很多不同,如果打算申请信用卡,相关事项都须多方权衡比较的,此时最忌讳经不住诱惑头脑一热或者为亲朋好友增加业务而抹不开面子就匆匆忙忙办卡,到时候有可能吃大亏。选择办哪个银行的信用卡,还应该充分考虑开卡后的还款、银行网点分布及服务区域等方面,总而言之,办卡为了方便生活,选卡先选择合适的银行。

现在信用卡的种类非常多,同一家银行的每种信用卡都各有特色或功能差异,甚至还有银行与各种组织合办的联名卡,不同信用卡提供的服务项目、使用场合、年费标准、积分规则等方面有不小差异,我们应该从自身需要和经济条件出发进行选择。经常外出出差的人可申请办理票务联名卡或酒店联名卡,如携程联名卡。总之,选择最适合自己的信用卡为自己的生活服务,最大限度地发掘信用卡的经济价值,为自己的理财服务。

三、合理使用信用卡

使用信用卡可以让一些生活消费实现刷卡支付从而减少个人现金支出,所以巧妙的使用信用卡免息期可更好地提高资金的使用率,盘活个人现金流,同时培养自己珍惜信用按时还款的习惯,对于理好财是非常有益的。

现在的各大银行卡纷纷开始收取各种名目的费用，所以过去因一时脑热办的卡也该清理一下了。建议你考虑保留3张卡。一张是工资卡，虽然有的银行对普通借记卡收年费，但一般对工资借记卡都有相应的各种优惠。另外，你还可考虑在某个股份制银行办一组相互关联的信用卡和借记卡。股份制银行的卡一般服务更周到而且有些特别的优惠政策。多数股份制银行不收借记卡年费，信用卡年费的减免条件也非常容易达到。

联名信用卡是指发卡银行与某些组织机构（比如商品经销商或航空公司）共同联合发行的特色信用卡。持联名卡除了可享受信用卡的便利外，还能得到发卡组织提供的一定比例的优惠、回赠或其他增值服务。购物消费时尽量充分运用信用卡，许多信用卡尤其是联名卡在商场专柜或网站都有优惠积分或者其他活动。

如果信用卡已经融入你的工作和生活中，无法取消或者替代。就让我们仔细研究一下如何正确的使用信用卡吧。

首先从安全方面来说。有人认为密码只有自己知道，将卡设定密码是非常安全的。凭密码刷卡肯定更安全一些，但对持卡人来说却并非如此，密码一不小心就泄露了，要时刻注意保护自己的密码。尤其不要把密码设成自己的生日、电话等众人皆知的信息。还有，当你在 ATM 机上用卡取钱时，先看看周围有没有可疑的人，输入密码时最好用手遮住输入按键，防止被"别有用心"者偷窥窃取密码。

在这基础上，不要随地丢弃 ATM 机的业务交易凭条。利用 ATM 取款时没有工作人员会出来核对取款人的身份，只要输入正确的密码，就能取到钱，而 ATM 打印出的单据上，会很详细的标注持卡人的卡号和有效期等信息，一旦遇到有心的罪犯，盗取这些信息已经足够拿到你这张卡相应的密码了。如果你对自己不负责,随意丢弃 ATM 所出示的单据,后果还是要自己来承担,银行不会给你任何赔偿的。

在信息确认制下,如果还会发生假冒刷卡取钱事件,商户和银行都负有很大责任。所以尽量避免这种事情发生。作为个人,即使有了安全度高、设置复杂的密码也要妥善保管,身份证与信用卡应分开放置,分散风险,防止同时丢失,给他人盗用自己信用卡消费刷卡以可乘之机。要注意不要将密码简单地设为自己的生日或身份证等证件能够提示的数字信息,否则卡与身份证一起丢失时,很容易就让别人试出密码。

不要过分相信银行的认真负责程度。要定期核对自己的银行账务。你可以每一个月到银行打印或者到网上账户查询自己的银行对账单,核对账务名录与自己的实际支出。如果对银行列出的账目有所怀疑,就要立刻与之取得联系,查明原因,分清责任尽量将损失降到最低。

如果在购物时选择刷卡消费,应注意收银员的操作,如发现刷卡机上的显示数字与消费金额不符或者重复刷卡时,应仔细核对,及时提出质疑并拒绝在刷卡单上签名以挽回可能的损失。

该记的信息一定要牢记。要记住自己的信用卡号和发卡银行的客服电话,最好还能记住给你发卡办业务人的姓名,如果在外地时不小心将卡遗失,要立即到当地的银行办理挂失手续,如果当地没有你的发卡银行,也可以通过电话联系先口头办理挂失,等回来再办理正式挂失手续,银行会及时帮你挂失停卡,以防更多的损失。

来路不明的银行的钱更要不得。银行系统也会有疏忽大意的时候,所以如果对账时发现自己的账目莫名其妙的增多,不要想着偷懒或贪小便宜,要及时与发卡银行联系,查清原因。银行也会像你一样定期的清点账目,一旦发现自己的错误会立刻纠正,所以,如果你知情不报,擅自使用这笔钱,银

第四章 算计生活,辨识消费误区

行不但会将钱要回,还会追究你的责任,甚至有可能会为自己引来官司。

总之,害人之心不可有,防人之心不可无。使用信用卡时要时刻注意防范风险,填写资料或者输入密码等操作时,最好先注意一下身边的人,要养成及时对账的习惯,这样才是对自己负责任的表现,而且也只有这样,才能真正的享受到信用卡给我们带来的便捷生活。

再从我们最关心的省钱角度去看。

别把信用卡当借记卡用。有人喜欢在信用卡里先预存一笔钱,这样就不用想着还款期,比较省事。信用卡的目的就是鼓励消费,经常使用信用卡还可以换取积分奖励,但将自己的流动资金存在信用卡中是没有利息可拿的,取钱时却需要负担相应的手续费,最后算来受到损失的还是自己。

即使用户拿到卡不开卡,年费也是要支付的。当然首年是免年费的,但是第二年就要收你年费啦。就算你不开卡,但如果没有达到一年刷卡 6 次的规定,相关的费用还是要扣除的。至于开了卡不用,就更是错误的,因为信用卡只要开了卡,就必须占用银行的管理空间,银行在系统运作、管理中与使用着的信用卡是相同的。

记得及时还信用卡,少产生无谓的利息费。很多人办信用卡就是为了透支的,但却不太考虑自己透支同时产生的利息问题。我们都知道,银行会将每张卡设定一个还款期限,而且还有定时的信件或电邮提醒,你只要按时还上自己这个月花掉的钱就行了,如果手头紧,还不上,还可以只还一个最低还款,每家银行会根据信用卡持有者消费额度的百分比来定最低还款的数额,也会在信件或者电邮中通知到,如果你马虎,没有按时查收,忘记在期限中还款,可就要支付高额的利息了,可能自己的信用还得搭上,以后办理银行的贷款等业务就会很麻烦。

刷卡消费中有个循环利息:如果你的信用卡规定这个月消费一千

元,最低还款额是一百。但你还差一元钱才还清,银行就当你没还过,还是按照你当初的花费来计算利息,一般的利息是每天万分之五。也就是说你还款的数目只要不到一百块,计息计算与还了多少钱无关。

当你手头没有那么多钱把信用卡当月欠款都还清,那么只要还满最低还款额就可以了。因为还了最低还款额和只还一部分,利息也是一样的。这样你手中有足够的流动资金供自己使用,或者说存在银行里也能换点利息。

循环信用并不是指通常意义上的利滚利,其计息的方式是按月计复利,但因为实际上最低还款额肯定会高于月利率,所以所产生的复利是很少的。

月复息:如果你取了现金100,那么除了2元手续费,从第二天开始,每天有万分之五的利息,就是0.05元一天,一天一天的加,如果到了这个月底还没有还清,那么下个月,就会把上个月的100加上利息算出的总额作为基本金,下个月以这个基本金每天再算万分之五的利息,到了下下个月,以此类推,如滚雪球般的巨额债务就产生了。

小贴士:最低还款额的计算方法。

信用额度内消费款的10%

　+ 预借现金交易款的10%

　+ 前期最低还款额未还部分的100%

　+ 超过信用额度消费款的100%

　+ 费用扣利息100%

－ － － － － － － － － － － － － － － － － －

= 最低还款额

第三节　摸透超市消费的玄机

一、逛超市,抑制不了的冲动

身边的朋友尤其是年轻女性朋友几乎都有逛超市的爱好。喜欢在那种空旷明亮的空间里,穿行在琳琅满目的高大货架之间,把购物车装得满满的,很有成就感。其实每次逛街前盘算要买的必需品都很少,但从超市里出来之后,才发现已是大包小包满载而归,往往回到家之后,买东西所带来的充实感很快消失并变成了累赘。发现其实买的很多东西都是不需要的,家里可能还有很多相同或相似的东西。逛超市逐渐成了生活的负累,但每次经过都忍不住走进去。

有人自认为还算是比较理性的,最起码面对商场里嘴甜如蜜的销售小姐一般依旧能克制冲动保持冷静。但每次走进超市,内心总会不禁涌起一种疯狂的购物欲望,其实这还是盲目购物的心理。精明的商家们已经充分把握人们这种消费心理,并以此作为卖点,再加上商家在超市恰到好处的气氛营造和不露痕迹的市场促销方法,使人们一旦走进人气很旺盛的大超市,大多都会不由自主得满载而归。

世界上排到前十名的大超市多半已经登陆中国内地。大超市里的商品种类齐全,分类清楚,包装精美而方便。最吸引人的地方就是商品的性价比高,便宜是超市的亮点,而喜好便宜贪图优惠也是人类的天性。很多人在超市里看到有买一赠一,或者打特价的商品就会拔不动腿忘记理性购物,无论有用没用的,只要觉得划算就往购物车里塞。他们认为即使现在用不到,也可以买下作为储备,总有用得着的时候。其实,东西买多了,再便宜也是种浪费,形成了一种新的浪费。

超市就是一个让人冲动的地方,主要是看着别人都大包小包的往外走,自己手中却孤零零的,总有点过意不去,而且旁边摆着那么多商品,说不定总有一款适合自己,也不舍得就这么空手而归啊,所以一进超市深似海,总是控制不住自己花钱的欲望了。

不过一个人进超市还算好的,还能时时刻刻的提醒自己别乱花钱,但是如果约了姐妹或者同事一起进超市,花钱就刹不住了,这花费的过程可以说是一种享受。"我用着这个不错,你也试试吧","那东西是新出的,一起买还有折扣",朋友七嘴八舌一撺掇,一推荐便心动了。其实呢,买回家来自己清点一下,很多是可有可无的或者是根本不适合自己的。

二、揭开超市引诱你花钱的"小动作"

遇到商品打折要留心。因为很多商家都会在商品快到保质期时为了尽快卖光而打折,这种东西买回家还没放上几天就过期了。不要贪图一时便宜而浪费钱财。但也有一部分是纯粹的促销,买下这种商品就是赚到了。如果遇到的促销产品是自己和家人喜爱的,在看清楚了保存期限还很长后，可多买几包放家里。

如果不是名气很高或功效已经得到验证的品牌商品，不要因广告所吹嘘的效果而迷失了自己的判断，因为大部分广告都只是为了吸引我们消费，实质上并没有如宣传的那般神奇。

许多卖场会把大众常见的低价商品的价格一降再降，因为这些商品的市场价格是人们都很了解的，之所以这样定价，就是为了让购买者产生这家超市东西比别家便宜的错觉。购物时对这类日用品的低价格不必太在意，其实日用商品的价格无论在哪家超市里都差不多，便宜也就是差几毛钱的事，你要注意区分的是自己想要购买商品的品牌和价格，并注意比较每家卖场的价格。

有些商品没必要在超市里购买。现在超市里售卖的货品类型非常齐全，大小型电器或电子类产品占据了很大的一部分。但是从价格方面来说，还是从专卖店购买比较划算一些。还有一种是生活中经常用到的拖把和碗碟之类的用品，在我们的居住区周边都有几个大市场，这些本来利润就不高的日常用品齐全又便宜，其差异只是超市将它们摆放得更加整洁而已。

许多厂家都会在大卖场有自己安排的促销员，这些促销员只会推荐自己厂家的产品。一些没有接触过的商品，我们并不知道每个品牌的差距在哪，而很容易听信超市员工的介绍，所以在购买商品时一定要做些功课，通过对比找到自己最需要的。

还有很多商品厂家喜欢在超市门前圈块地搞促销，活动时会请来些能言善道的主持人，加上一些身材火辣的舞者，把商品促销搞得轰轰烈烈，引人入胜，让消费者觉得不把这东西带回家就是吃了大亏似的。劝你还是就当时热闹看看就罢了，千万别太当真，头脑要保持冷静，思考一下，这东西是不是有什么猫腻在其中，或者谨慎想想自己到底需不需要这种商品然后再做决定。如果贪一时便宜,把许多质次价高的商品买回家,成了无用的废弃物,非但得不到便宜,还花了钱白占了房间的地方。

大多超市都实行会员制,当会员卡积分达到一定数值时,商场就会赠送一些礼物。有些无良商家会拿快过期的商品当赠品送给客户,所以领取赠品尤其是食用品的时候要睁大眼睛看看期限,确认是否已经或将要过期。另外,很多商家在卖出商品时,还会有小样或者附属品赠送,如果你不主动索取的话,销售员经常就会把这些东西收入自己囊下,所以,决定买东西时一定要问他们是否有赠品,不要白不要。

离开超市前要核对发票,这是为了避免收银员将所购物品的数量或价格打错而造成的疏忽。当场核对,发现问题马上解决,省得离开柜台后说不清了。

三、合理逛超市,生活更惬意

超市已经成为生活中必不可少的购物渠道。那么该怎样在超市购物才能给我们带来最大的利益呢? 下面就让我们一起看看怎么逛超市才更合理吧?

退休的王大妈虽然退休金每月只有两千多元,日子却过得红红火火。王大妈虽然文化不高,精打细算却是把好手,过日子细致是出了名的。本来有记账习惯的王大妈,今年以来眼见物价噌噌上涨,原来 100 元一周就能过上鸡蛋鱼肉、有新鲜水果的生活,现在几乎不能了。王大妈心里着急,日子过得也更加仔细,闲来无事就琢磨怎么花钱才更好。这不,现在王大妈每天早上早早起来给老伴儿孩子做好饭,收拾收拾就坐上公交往超市跑,朝着促销的米、菜、蛋等下手,花很少的钱就能把一天的菜、蛋、主食等全买齐了。的确，现在大多数超市都有早市，主要针对蔬菜、鸡蛋等日常家庭生活必需品进行促销，据说，超市现在一般都是从产品源头进货，省去不少中间环节，所以销售价格比有些农贸市场还会便宜，为了招徕客户，几乎每个超市都会对像鸡蛋、蔬菜、水果、面粉等居家必备用品进行定时促销。不仅如此，分量还足。在农贸市场买菜，十有八九少分量。

另外，很多超市在晚上9点左右会对保质期短的商品进行大幅度打折促销。像糕点、熟食、蔬菜等，价格极低。晚上没事出去遛弯的时候可以顺道逛逛超市，淘点品质良好的便宜货回家。有的超市及其商家，每逢节假日、周末或其他庆典，都会有各种名目的促销活动，不仅商品价格比平时低很多，还经常有各种赠品或者积分累计活动。

去超市购物前要先写一个需求目录，写好去哪里逛，要买哪些东西，以避免冲动消费。平时注意保留报纸或杂志或塞在家门口的各超市优惠信息，在你想买什么东西的时候，这些宣传单上打出的价格将是非常好的参照。遇到超市投到邮箱里的宣传广告也不要反感的扔掉，可以留下来看看哪些是自己需要又划算的商品，留意一下有什么性价比高的便宜货最近需要购买。

最好选在周末逛超市。不要觉得周末人多，车位也不好找，所以懒得出去凑热闹购物，其实在周末，商家为了招揽人气会推出许多打折优惠活动，比如特价组合或买一送一等的优惠。留意信息不要偷懒，不要错过省钱购物的机会。

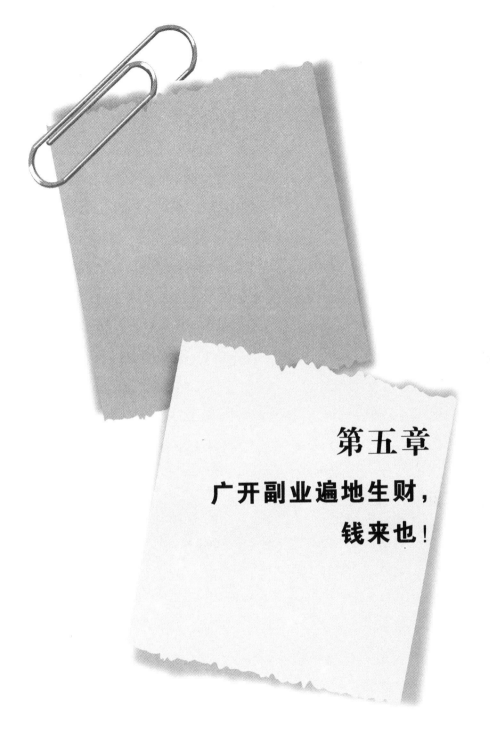

第五章

广开副业遍地生财，

钱来也！

现代社会科技高速发展,人与人交流的方式也越来越多,很多人不想再被朝九晚五的工作形式束缚,想要更加自由地支配自己的时间,所以从"威客"到"飞特族",有的人即使已经有了一份稳定的工作,为了兴趣或者赚钱还会在8小时之余从事其他兼职。充分利用空闲时间,你就可以享受到双薪带来的快乐。只要你有能力,脑子也足够灵活,就可以在各种职场中游刃有余,做一个真正三头六臂的职场人。

第一节　网上开店是时尚

将自己的闲置物、各种渠道得到的特价品、有地方特色的饰品……这些统统都能在网上卖出一个意想不到的好价钱。淘宝、易趣、拍拍、当当等网站都是可以帮助你赚钱的地方。你只需在工作的闲暇去照看一下自己的店铺，就可以得到一笔不小的收入。

目前，网上开店主要有三种方式：

第一种是在专业的大型网站上注册成为会员，开设个人的网店。像淘宝、易趣、拍拍、当当、有啊等许多大型专业网站都向个人提供网上开店服务，目前建一个普通的网上小店基本是不收费的，所以在建店初期你只需支付少量进货的费用，就可以拥有个人的网店，进行网上销售。在网上开店，就像在商区租用店铺一样，可以借助网站原有的人气来获取点击率，也就是逛店的人数，我们通常见到的网店都是在利用这种模式进行销售。

第二种是自立门户，自己建站网上开店。经营者要购买域名，然后找专人设计自己的网店页面，之后就可以请顾客上门了。这种网店不能借助大型网站的人气，只能依靠自己的宣传去招揽客户。适合已经经营销售很长时间，有固定客源的销售者。

虽说都是自立门户型的网店,但也会有不同的创建方式:一种是根据已经定下所有销售的东西,然后根据商品的需要定制相应的网店规格,需要注册域名、建设网站、设计网页、自行推广等一系列工作,这样建成的网店有自己独树一帜的风格,但费用较高。第二种是购买下载固定样式的网站模板,把自己的商品填充进去就可以了,这样店主自己就可以操作,费用不高,但很容易遇到风格一致的雷同网店。

自立门户型的网店虽然前期的资金和时间投入比较高,但它不会受到寄人篱下的种种限制,也不用向寄居网站缴纳什么费用。总体来说,只要你愿意用心设计,尽心经营,就会有好的收获。这类网店就像你走街窜巷时在路旁偶遇的小店一样,吸引客源的方式完全依靠自己的宣传模式和小店的装修风格。

第三种是前两种方式的结合。既有独立的商品销售网站,又在大型网站上开设网店。两手抓,两手都会赚,但相比单一的自建网站,要付出更多的时间和精力,还要有更大的金钱投资。

许多实体店的经营者看到网络巨大的作用蠢蠢欲动,开始通过网络开辟新的销售渠道,同样,一些网上开店效益不错的经营者也会考虑开一个实体店,双管齐下,两者相结合,销售效果相当好。

网上开店比开个实体店的成本投入要低得多。现在许多大型综合或购物网站都为商家提供租金极低或免费的网店,只是收取少量商品上架费与交易费。网店可以先把商品的图片挂到网上,有顾客想要购买时再去进货,这样就不会造成商品砸在手里赔本赚吆喝的悲惨局面。网店主要是在互联网上与顾客交流,基本不需要支付各种店面租金杂费,更不需要专人时时照看打理,时不时看看发货通知就可以了,极大节省了人力方面的投资。

网店只要通过互联网就可以妥善经营下去，卖家如果喜欢可以做全职，当然兼职也没有问题，网店摆在那，你不需要随时注意会不会丢东西或者有人购买咨询没人应答，只要在固定的时间上网查看留言就可以完成一天的工作。

网上开店不像开实体店一样要工商、地税到处跑，你甚至可以开一个"皮包网店"。只要先摆出商品的照片等有需求随时进货，不要求你拥有大量的货物或者根本没有实物也可以。船小好调头，你还可以根据网店点击浏览率和销售情况，随时更改经营项目，几乎没有什么负担。

网上开店，只要保证网络顺畅，网站的服务器不出问题，无论天气如何，无论白天晚上，可以全天、全年不停地运作，一直都处在正常营业的状态。消费者也可以在任何时间登陆浏览选择购物。网上开店基本上不会受到经营地点的限制，网店的客流量来自网上，所以不论你身居海外还是偏僻山村，只要能上网就不会影响销售。网店的商品数量也不会有店面大小的限制，只要你愿意，网店可以摆上成千上万种商品。

网店没有地域的限制，只要有人上网，你的店面就有被浏览和购买的可能，这个范围可以是全球的网民。只要网店的商品有特色，宣传好、价格优惠、经营合法，网店自然会吸引到对应的客户群，点击购买的量也会不断增高，得到理想的收入。

不过网上开店也不是那么容易的，必须要认真投入一定的资金与精力，网上开店也存在着一定的风险，罗列商品的选择，价位的合理性和良好的销售信用，还要沟通好支付与送货环节的问题，如果上面提到的有一点没有做好，网上开店很可能出现销售打不开局面，无法从中获利的

情况,反而要赔上时间、精力与投入。

因为看中了网店的便捷,于是大家一哄而上,其实并不是每一个开网店的人都可以赚到钱的,在这其中还有许多亏损者,所以在开店前一定要对经营的风险有足够的认识。

一、如何在网上开店?

想要开店的第一步是定下要卖的商品。这商品最好是你熟悉的,但也不能单以个人感情为依据,要知道很多商品因为重量和价值的问题,是不适合拿到网上去销售的。根据混迹网店很久的人士建议,适合网上开店销售的商品一般应当具备这些条件:一是体积小,体积小的产品比较方便运输,在运费固定的条件下还可以降低送货的成本;二是有与众不同的吸引力。开网店,抢占商机的方法就是在第一时间迅速吸引别人的眼球,这样才会有更多的人愿意在你的店里停留,进而消费。

价格便宜:如果家门口商店就可以用相同的价格买到,就不会有人在网上购买了。

通过网站浏览就可以激起人们的购买欲:如果所售商品必须要消费者试用或者见到实体才可以达到购买条件,就不适合在网上开店销售。

实体店很难找到,只有上网才能买到:比如直接从国外发货的代购产品。附加值高、价值如果比运费低的单件商品是不适合网上销售的。

所以,网上开店遇到不适合销售的物品,无论自己怎样青睐也还是要舍弃。网络是以现实世界为基础的,开网店也要讲究诚信,遵纪守法。不能以为自己在网上开店,反正也没人能见到你或知道你是谁就可以恣意妄为，网店和实体店一样，销售的产品要遵守国家法规，不能倒卖军火、文物、毒品、药品和一些基金股票类的增值投资产品。还要注意的是，网络绝对不是一个销赃的渠道，如果你倒卖赃物，被人发现，还是会追究刑事责任的。

兵马未动，粮草先行。在网络开店需要配备一定的配套设备，方便经营。其实主要是上网的辅助品。电脑是一定需要的，还需要数码相机、扫描仪、电话等等。还需要安全稳定的通信地址，网络即时通讯工具，如 MSN、QQ、淘宝旺旺等。

根据不同的店面类型有不同的网店开店手续。在大型网站里附属开店与建设独立的网店的手续是不一样的。想在大型专业的购物网站开店，要遵守该网站的相应开店程序，首先就是要在这个网站上注册成为会员，然后向网站申请经营权和一些相应管理的权利，这是网上开店的一个必须流程。

目前中国提供网上开店服务的大型购物网站有很多，有影响力宣传力的则不多，在此介绍几个主要的相关网站：

淘宝网（www. taobao. com）：这个网站的创办者是占据全球电子商务界领先位置的阿里巴巴公司，在 2003 年 5 月 10 日以 4.5 亿资产额创办至今，已经成为国内追捧人最多的个人对个人交易的网上平台，在全球网络交易平台中都占据了重要的位置。淘宝网除广告费用外，注册、认证和开店等一切流程都是免费的。

易趣网（www. eachnet. com）：这个网站的创始人是邵亦波和谭海音，它是 1999 年 8 月在上海开办起来的，易趣网是全世界范围内最大的一个中文网上交易平台，提供个人对个人与商家对个人的网络平台的搭建与服务，想注册成为其中的会员是完全免费的。只要支付商品的上店展示费、底价设置费、交易达成后的服务费和广告费用就可以了。

拍拍网(www.paipai.com)：腾讯 2005 年新推出的个人对个人交易的平台，借 QQ 的宣传，人气很旺。拍拍网上可以提供免费注册、免费认证、免费开店的低成本服务。

目前在大型自助网点上申请开店，主要需要如下三个基本步骤：

注册会员：进入网站注册界面，注册成为会员，基本都是免费的。

获得卖家认证：注册会员之后，向网站申请卖家认证，网站的卖家认证主要通过身份证认证、手机认证等方式。

通过卖家认证，上传网站规定数量的商品，正式开展网上销售。

在确定了自己想要卖什么东西后，就要去寻找物美价廉的货源。当然网上开店上传方便简单，可以随时根据自己可能得到的货源，调整策略改变经营方向。

网上开店，通常可以到批发市场进货。如果你的网店主营服装，你可以到大型服装批发市场进货。这需要有很强的砍价能力，最好能与批发商建立好关系，把价格压到最低，给自己争取最大的利润。当然，如果条件允许能从厂家进货当然更好，厂家的出价可要比商家给出的价钱低更多，但是你需要一次性进很多货物，相应承担囤货挤压的风险也大一些。目前许多工厂在制作订单产品或者为一些知名品牌生产贴牌产品之外通常会有一些剩余的货物，这些尾货通常质量很好但价格十分低廉，如果可以联系到，这也是一个值得考虑的进货渠道。如果你在港澳或者国外有亲戚朋友，也可以让他们帮忙代购一些国内市场上看不到或者与价格差距较大的商品获取利润。

网上开店，货源是一个很重要的方面，选对商品，找正规进货渠道，保证价格的低廉，你的网上商店就有了成功的基础。

二、苦心经营网店不马虎

网上开店与实体店最类似，也是最重要的地方就是经营。善于经营，将手中的产品销售出去，才能取得利润。

可以从自己最熟悉的东西入手赚到属于自己的第一桶金，可以是和原本自己的工作有关的或者是自己一直坚持的兴趣爱好，这样你可以凭借已掌握的专业知识把网店经营的游刃有余，避免进货时被忽悠，还能细致的为买家讲解。

所有卖家手中掌握的信息都是不同的，对同行卖家进行调查，找出对方的优势，充实自己，从各个角度努力打动顾客，设法把自己的优势融入广告中宣传出去。

网店的宣传需要投入一些精力。在网上多发有价值的帖子，然后认真看帖回帖，既能帮助大家在使用过程了解你的产品，又为网店商品进行了宣传。选择适当的时候给买家送一些小礼品赚赚人气，人气高了浏览量自然就上去了。

选择适当的时机打折或搞优惠活动，或者每个月拿出一些热卖商品来做低价促销，可吸引更多的消费者，虽然产品的利润降低了，但可以带旺网店人气，无形中还能增加其他产品的销量，业绩自然就会上来了。

网店的卖家应该先确立一个健康平和的心态，与买家良好的交流，才能赚回更多的购买率和回头客。因此成功的卖家大多最善于首先把自己推销给顾客，先赢得顾客对店主的喜爱和信任，之后购买商品并介绍给身边朋友便是水到渠成的事儿了。

不要轻易放弃。据调查，如果开网店在最初的几个月业绩不理想，近一半的卖家会选择放弃努力,1 个月后又有将近一半的卖家放弃坚持;2 个月后有四分之一的卖家关门大吉,剩下的人中也有一多半不能在失败中坚持超过 3 个月,只有一小部分卖家无论什么结果都努力将自己的小店经营下去,而在网店中绝大部分的级别高、盈利多的大卖家是从这些人中产生的。

三、网店赚钱的葵花宝典

1.交易前:卖家应该与浏览者坦城相待并互相信任。当顾客知道卖家随时等候着为他们服务时,就没理由不信任卖家而拒绝接受服务。卖家必须清楚自己与客户交流的最终目标是满足顾客的需求,所以要创造和谐的交易环境并确保买卖双方都站在同一角度上。这样顾客会愿意在双赢的基础上与卖家通力合作来满足要求。

2.交易中:卖家可以根据顾客的需要,为它们罗列出符合要求的商品,让他们自己选择做出尽可能最好的决定。要端正心态,明白卖家首先为顾客提供的是服务,而不是简单说服顾客买下产品。

3.交易后:卖家要监督物流公司的送货情况,直至确定买家已经收到货物,并且对发货速度及货品满意为止。发货后的产品也许会在物流中很多会受到影响,我们都知道买家在拍下商品后都是非常心急,想及早收到,所以到货的速度也一定程度影响买家的满意度,这样做也可让买家尽快打款。做好售后服务,及时询问客户对货物、服务等满意情况,遇到问题及时沟通,尽快帮客户解决,千万不要跟客户争个脸红脖子粗的,和气生财才是根本。

第二节　做快乐自由的 SOHO 一族

"在家上班"用英语表达是 SOHO，因为 SOHO 一族时间比较自由，不用坐班也不用耗费太多精力，现在深受年轻人的热捧。有的人工作时间自由灵活，有大把的时间可以任自己挥霍，如果整天吃喝玩乐睡觉岂不可惜了？在所花时间、精力不太多的前提下，就可以开辟第二职业，做一些兼职开拓收入来源，对积攒个人资产是大有帮助的。

不过，要通过兼职开源赚钱，要注意几个问题：必须有充足的可利用的空余时间，兼职必须在不影响本职工作的前提下进行，切不可捡了芝麻丢了西瓜；尽量选择与自己爱好或专业相符的兼职工作，既可利用已有专业优势，做事更加顺手，效果事半功倍，又干得更有劲头；社会是人的社会，所以兼职要充分利用自己的人脉关系，使得效益最大化。能够做到这些，做兼职成功就不难了。如果你暂时没有资金开网店，那么网络兼职也是个不错的选择。

一、文字客们，稿费银行欢迎你！

被繁忙的工作和快节奏生活左右、心绪浮躁的时候，你是否还记得曾经写优美散文的温柔心情？现在,你可以把它捡拾回来,重拾对生活的浪漫情怀,并让它为你带来精神和物质上的收获。所以,从现在起,拿起笔,试着做一个业余写手吧。这并不是一件太困难的事。用报刊的稿酬作为零花销,你一个月的开销就会很富裕了。

实际上,如果你能写优美的文字或是有些领域价值的东西,是可以得到很可观的物质回报的,你可以改变自己的生活。如果这样可以改善自己的生活,把自己的文章卖出去换成钱,既得利,又得名,不是一件值得骄傲的事?!

具体写什么文章好呢？这个不好说。但还是有些技巧可循的。首先,你要看各种报刊上经常发表什么体裁、风格的文章。其次,你要斟酌自己擅长写什么文章。如果你觉得自己喜欢写诗歌,那么,最好先收起你的华美的辞藻。现在诗歌的市场已经萧条,很难赚到钱。但关于与诗歌有关的感情散文很好发表,当然前提是你的文章质量要好。读书和观影评论很多报纸都需要,如果你看了一本书一部电影,还捕捉不到自己独到的见解,那么,可以暂时先向别人学习学习。

要做兼职撰稿人最好要有一台能够上网的电脑。现在靠纸笔和中国邮政的速度投稿那黄花菜都凉了。平时多上网,但上网的目的不是单纯为了聊天,而是为了拓宽自己的视野。

如果你只是一个文学爱好者,那么,首先盯住一家报纸的编辑,坚持向他寄稿子。最好能电话联系一下或者写封信说明情况及要学习写作的心情,用自己的诚意打动对方,也许能教给你些东西,并记住你,以后可能优先发表你的作品。

想成为一个兼职写手要做哪些准备呢?

1. 多读多写:稿件质量高是撰稿人最重要的条件。要想成为一个成功写手首先要了解很多东西，除了要向别人学习写作的基本知识外，还要有广博的学识，只有眼界宽阔才能写得丰富。胸中有万物，下笔如有神，就是这个道理。所以平时要多练习写作，每天坚持写一定数量的文字，各种体裁都涉及，不管是眼前要投寄的作品还是当天的心情随笔，总之多写为宜。这样不但可以提高自己的写作水平，也可以在无形中让自己拥有一批随时会为自己带来收入的"商品"。

2.了解时事：所有的报刊和媒体都首先是政府的喉舌，你只有了解当前的主流思想，才能写出各种报刊媒体需要并喜欢刊载的文章。

3.跟随前沿：现在的人都很浮躁，很多人看杂志或者书籍的时候都挑着色彩明艳的图片来看，所以文字最好简洁，而且要与生活息息相关。总之，要抓住当前读者的阅读心理，并投其所好。如果你在这一方面能掌握的很好，也是证明个人能力的好机会，当然也是赚取外快的好机会。

4.研究媒体：就如你向顾客推销产品是一样的道理，你必须对客户上帝有一个详细准确的了解，精准营销，才能把自己的东西卖掉。不管你是向哪种类型的媒体投稿，首先都要将对方的底摸清，研究一下他们需要哪种类型的文字风格，然后有的放矢地投稿，不至于没有目的，浪费自己的时间和感情。

5.掌握投稿技巧：一般说来，不管什么媒体，短小而精干的稿件广受欢迎，但并非所有的稿件都能做到这点，而且编辑的时间又有限，所以如果你想要让自己的稿子在千万篇来稿中引起编辑的注意，就必须得有一些特殊的方法。一个精短或幽默的说明就能帮上很大的忙。现在投稿大多要求是打印稿，你先要考虑到改稿和排版的方便。如果你所投的刊物明确标注反对一稿多投，你也可以在投稿的时候特别说明这篇是专稿专投。如果是纪实性的稿件，可以配一些自拍的图片，以证明它的真实性，或许更能得到编辑的青睐。

二、威客任务：将你的专长"变现"

威客也同样起源于 BBS。威客的英文是 Witkey（wit 是智慧的意思、key 是钥匙的意思），威客是指在网络上利用自己掌握的知识帮助别人同时换取一定收入的工作者，换而言之，是用知识或工作换取财富。目前威客形式主要有：

在网络上提供需求者所需要的信息和资料。这些工作内容不是在简单搜索引擎中输入几个关键字按个回车就可以解决的，威客们还要加上自己的描述和分析，将找到的资料分类梳理整合。

为求助者提供各种借助网络能够开展的服务，如网络推广、网络游戏代练升级、网站建设维护、心理咨询等，还可以将自己掌握的生活经验知识分享给需要的人。

简单的说，威客就是一种有偿的帮助形式。威客网站给大家提供一个信息沟通平台，让大家公开运用自己的知识和能力为出资者提供有效的服务，并以此赚取财富。同时，也可以帮自己找到其他人的帮助并解决问题。

威客网站将简单的提问回答和传统的信息发布方式，改变成为了提出问题、提供服务和人与人互动解决的模式。威客模式最大的用途就是可以让大家在网络上互相服务互相帮助，并得到相应明朗化的报酬，各取所需，形式可以是虚拟空间的问与答，知识互动的服务，也可以是现实面对面的提供实际服务等。

三、网络冲浪：上网赚钱两不误

冲浪赚钱就是通过点击网络连接生成流量从而赚钱的一种方式,想知道"冲浪"的具体含义,首先要知道"流量"是个什么东西。英文"traffic"翻译成中文就是流量的意思,在网络上就是指访问某个网站的 IP 数量。流量的数值越高,表示访问的人数越多,也就表明网站越知名,用户越多。

流量背后的数字代表的是网站的知名度,网站的用户群,大部分广告商就把流量作为网站优劣的评价标准,决定了广告等业务的开展及资金投放量等。所以有些网站尤其是刚建立的网站就购买流量来达到对自己的宣传推销。后来被购买的单位以英文 CREDIT 来标识。CREDIT 的英文含义是信用和点数的意思,我们这里就是取点数的含义。

那么,产品广告是怎样得到充足的客户点击率来完成自己的宣传工作呢?

主要是两种方式:第一是交换,也就是流量交换,两个网站你看我的站,我看你的站,互相帮助,互相提高流量收益;第二就是会员挣钱,网站交换不能满足需求时,以点数计钱来作为报酬的方式吸引一部分人点击浏览网页来赚取流量。

我们所指的流量赚钱主要指的是上文介绍的第二种类型——会员赚钱。也就是说:首先申请成为网站的会员,然后开始翻看广告,每次浏览的时间要求十几秒到几十秒不等,浏览的广告页面越多,得到的点数也就越多,网站会有相应点数与现金的兑换值,当你攒下的点数足够多,就可以申请网站将点数兑换成现金了。

冲浪赚钱具体有下边三种类型：

当你想宣传你的网站的时候，可以加入流量纯粹的交换。

亲自动手点击流量赚钱，就是每看一页你必须动手点击网页上提示的某个字符标志，而且要保持一定的时间，才继续看下一页。这样的方法的点击率会比较高，但也比较浪费时间。

利用自动冲浪站点刷去流量赚钱，这种类型的网站很方便，只要你看着流量开始增加的网页便不用管它了，它显示完一页就继续自动浏览下个页面。连你吃饭睡觉时都在自动运行。如果你曾经做过流量赚钱，那么这个就容易理解了，它类似于自行的流量赚钱，自己不断地显示一个又一个广告或者页面。冲浪赚钱的麻烦在于需要手动点击一个个的广告页面，特别浪费时间，但是只有这样才能达到最佳的广告效果，否则的话，不仅广告宣传的效果不好，甚至会连累网赚公司前途。

做网赚一开始是很乏味的，先要积累本钱，然后慢慢加快挣钱的速度。

冲浪小贴士：

一开始发现的冲浪网站，先别着急激动，一定要先考察审视一下这个网站的真实性和可靠性。很多网站利用冲浪骗钱，也有很多网站由于撑不下去而骗人，所以你在接受工作之前要先建立冲浪站检测列表，确定对方服务器的具体位置和服务设施是否完善，从而判断网站是否可能长期生存，也可以通过网站的排名确定其过去和将来的发展走向。当你将所要服务的网站分析得到满意的成果之后，那就不要犹豫，开始冲浪赚钱吧。

第三节　开动脑筋,兴趣爱好变财富

除了开网店、做兼职撰稿、网上冲浪等方式,其实很多兼职是可以开发的。那就是通过自己的爱好和专长去发掘它,并把特长和能力转化为财富,充实生活的同时赚的满钵,何乐不为呢?

喜欢画画吗? 喜欢做手工吗? 如果你有一项独特的创造性特长,就可以把你的爱好转化成现实的收入。例如你可以把作品送到画廊或者放到网上出售,这样不但有更多人欣赏到你的画,更可能通过它赚到银子。

现在有许多通过直销途径销售的化妆品需要大量的美容顾问,你可以利用 8 小时之外的时间,向客户介绍护肤品和彩妆。如果有人购买则可以获得 20% 至 50% 的销售提成,也是一项相当不错的副业选择。

不少人很喜欢养宠物,如果你也喜欢小动物,那么就养一些品种名贵的宠物吧,既可以让他们陪伴自己,又能够通过家庭繁殖售卖给同好者赚取财富,也许还会结交到志同道合的朋友。

每个人都有自己擅长的东西,比如:以你外语说的不错,去做同声翻译可能有点困难,但是如果你利用闲暇的时间辅导一个即将参加专业考

试的学生来说,就绰绰有余了。另外,你会一项乐器也别有所保留,做个家庭音乐老师也是个令人羡慕的兼职。

好好利用自己的爱好与特长,让它为你的生活增加情趣创造收益吧。

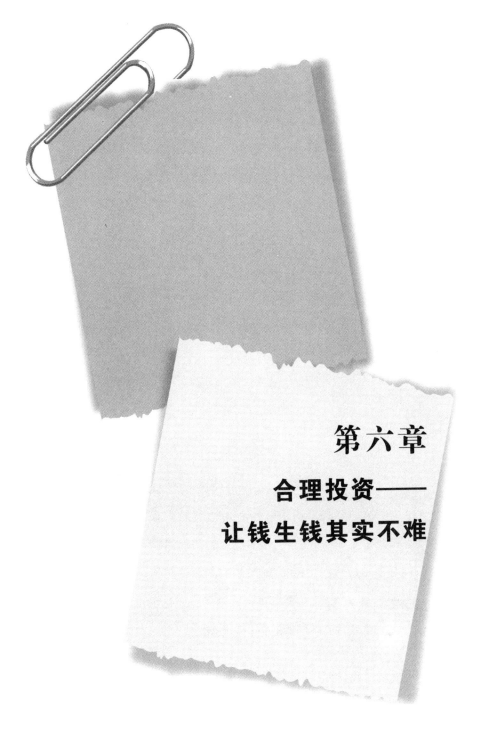

第六章

合理投资——
让钱生钱其实不难

在什么都涨就是工资不涨的情况下，仅靠努力工作提高固定收入和勒紧裤腰带省吃俭用增加结余金钱，远不能达到快速累积财富的目的。要想不降低生活标准还能快速致富，就必须要靠积极的投资，也就是靠钱来生钱，而不是仅靠蛮力气挣钱。

第一节 排排队，分果果
——储蓄与投资怎么分配？

在什么都涨就是工资不涨的情况下，仅靠努力工作提高固定收入和勒紧裤腰带省吃俭用增加结余金钱，远不能达到快速累积财富的目的。要想不降低生活标准还能快速致富，就必须要靠积极的投资，也就是靠钱来生钱，而不是仅靠蛮力气挣钱。当通过记账，在合理消费下，有了一定的积蓄，就得考虑充分利用资金不断开源了。你得盘算如何让手头的钱继续利滚利，不用付出多少辛苦就可以扩大收入，更好的进行理财。现在理财产品很多，有储蓄获取利息为主的，还有保险、股票、基金、国债和黄金等，每种理财产品特点不同，或者比较稳健但收益较低，或者收益较高但是风险也很大，而且周期也有长短之分。如何分配自己手里的余钱，怎样才能做到既保证日常家庭生活开销，又可以最大程度的钱生钱获得收益呢？

给自己一个保障，世事无常，不管有多少名利财富，如果没有保险作为保障，突然发生的一个变故就有可能掏空积蓄让人一夜之间回到"解放前"，所以保险在个人理财生活中的作用非常大。让自己享有一定的保障是有必要的，因此理财的话建议先从意外保险和健康保险等保障型

第六章 合理投资——让钱生钱 其实不难

保险开始。

准备适量现金流，一般需要储蓄3至6个月的生活总开支来应付突如其来的意外、疾病、或者暂时性的失业而导致没有收入来源。可以通过活期存款来实现。

定期存款的收益比较低，还经常被银行收各种各样的杂费及利息税，总而言之钱放在银行里增值幅度太有限了，可以考虑定存国债和黄金等理财产品。债券的收益率虽然也不是很高，基本应是保值类的理财工具，有一些就多个收益渠道而且安全性高一些。黄金投资现在虽然是热门，但是成本有点高，不建议余钱少的人去买黄金保值。

股票能让人一夜之间成为百万富翁，也能让你突然钱财尽失成为穷光蛋。所以股票是可以获得高收益，但是地球人也都知道，股票风险非常大，如果没有内线给提供消息，就主要靠运气了，所以，入市需谨慎。

个人资本一般来说有储蓄、投资、消费等三种流向。如何科学合理的分配个人资产的投向比例呢？传统的分配方法是三分法：三分之一用于储蓄、三分之一资金用于个人消费、剩下的部分投资。但是这种分配方法理论性太强过于教条，不适合任何经济情况和每个人的实际状况，应该根据经济环境的变化和个人真实条件确定合理的分配比例。比较实用的，可以根据经济增长率、通货膨胀率、利率等经济指标来判断和决定如何投资才能更有效的获得收益。

利率上涨时期要缩减股票债券的持有量。利率高的时期，尽管债券等投资利润也很丰厚但风险同样也巨大。银根紧缩带来宏观经济发展速度减缓，上升的利率使投资资金成本提高，从而获得的收益也将大打折扣，选择时应保持谨慎小心的态度，切不可随便出手。利率上升时期，货币市场基金就显得更有优势一些，它的收益水平是可灵活变动的，可随着银行利率的上升而增加收入。另外购置房屋等不动产也是一个很好的投资方式。因通胀而来的房价上涨速度肯定会比银行利率的提升速度更快,所以买房不仅保值甚至增值,是目前抵御通货膨胀压力的明智的选择。

利率降低时候则要尽量增加长期储蓄和债券的比例。记住,通货膨胀虽然猛于虎,但是也是个纸老虎,任何政府不会放任通胀的无限度发展,调高利率等宏观措施会逐步发挥效力,通货膨胀会得到有效控制,物价回落,社会经济增长速度放缓。经济大势的颓丧必然导致居民收入减少,尽管物价水平不那么高了,但经济状况和个人收益的不确定性决定现在时刻要捂紧钱袋,不宜大肆消费,同时购买定期储蓄和债券可以享受到稳定的高利率,捂在手中的房产此时到了抛售套现的时机,否则价格就会严重缩水得不偿失。

社会经济的发展必然要遵循通货紧缩—通货膨胀—通货紧缩的规律,概莫能外,同时物价和利率水平也会随之调整,要求投资理财的策略也要随之变化。总之,投资理财是脑力劳动的活儿,要时刻保持清醒头脑和对经济状况及政策的敏感度,及时调整理财重点。在通货膨胀的大经济形势下,投资策略最好偏向于抵御通胀压力的角度,随时关注宏观经济政策和措施,脑袋要灵光才能赚大钱。

第二节　合理储蓄——向银行要钱不手软

上中学时有的人就在父母的指导下开了一个活期存折，家里给的零花钱和压岁钱都存到里边，把存折放在抽屉里，不时拿出来看看里面的数字增增减减，感觉很奇妙。

上班之后更是依赖银行，拿到工资就跑去存起来，兜兜里装着给自己留的贰佰元备用钱，时刻提醒自己少花"无聊"的钱。

存折里的金额达到一定的数额，活期转为定期，如何利用银行使自己的储蓄升值也是一门不小的学问。

一、用多少钱储蓄？

目前选择把钱存到银行里依然是普通家庭主要的投资理财方式。虽然储蓄的总体收益不高，但若能合理配置，仍可获得可观的利息收入。以下四种可增加收益的储蓄方法，你不妨一试。

阶梯存储法：假如你现在有 4 万元余钱，可分成四份分别为 1 万元，各开一至四年期限的定期储蓄。一年后，可用最先到期的 1 万元作为本金，再开一张四年的定期存单，依次类推，四年后，你的存单则都变为四年期的,只是每份到期的年限依次相差1年。这种储蓄组合方式比较均衡灵活,既可以应对利率的升降变化,又可享受四年期定期存款的高利息。这种存储法适合家庭长期投资,比如为子女积攒教育培养基金等。

滚动储蓄法:每月将结余的钱以一年期定期储蓄的方式存到银行,月月存,一年后等第一份储蓄到期取出本息,再凑一个整数进行下一轮的周期储蓄,一年为一个周期存储即可,不断循环。手上始终有12张存单,每月都有一定数额的收益,而且储蓄形式和存钱数额非常灵活,想存多少就存多少,一旦有事急需资金,支取到期或将要到期的储蓄即可,可减少利息损失。

四分存储法:如果现在手头有2万元的闲钱,可将这笔钱分为等额大小呈梯形,分存为4份定期储蓄,以应急平时不同的生活需要,将2万元分为2000元、4000元、6000元、8000元4张一年期存单。假如年内没有大事只需动2000元,就用2000元的存单就可以了,其他不动,避免了花小钱也要劳烦"大存单"的弊端,避免不必要的利息损失。

大部分不是因为赚不到钱而烦恼,而是因为自己控制不住花钱存不住钱而苦恼。不错,很多人是挣钱高手,但却乱花钱不是理财高手。怎样才能让这种人既能赚钱更能存钱呢?

1.打开钱包,找找还没有哪家银行的卡,如果没有,去这家银行开立一个存款账户吧。记住只是开立一个存款账户,不要申请该行的任何一种信用卡或其他卡片,另外,最好到信用好、实力雄厚的大型商业银行开卡,会享受很多服务,更能少忍受国有银行的霸王条款和劣质服务。

2.定期从你的工资卡中取出30或是50元存入你新开的存款账户中。不用太多,主要是让自己逐渐适应手中可支配现金减少的生活。几个月之后,尝试再增加每次从工资卡存到储蓄账户的金钱数额。

3. 建议你存储个人收入的 10% 左右即可，以少起步，培养坚持存钱的良好储蓄习惯。如果你偶尔一次存入一大笔的钱可能会吃不消，就可能因做不到而放弃。

4. 每期信用卡账单来了不要扔到一边连拆都不拆，研究信用卡对账单，看看每月信用卡让你欠了银行多少钱。试着为自己设置一个信用卡刷卡限额，尽量不超过，将省下的钱存到账户中。

二、哪种储蓄钱生得最快？

刚开始通过银行理财，每个人都有一套自己的现金管理方式，但是目标大致相同：管理自己的资金，使之在一段时间内得到最大的收益，但是还要在急需用钱时可以随时提取方便使用，而且要确保资金的安全不会受到意外的损失。

这样来看银行储蓄是个人理财的比较明智的选择。

虽说银行储蓄是一种比较简单的保守理财方式，但并非所有人都能全面掌握并恰到好处地运用储蓄的规律和形式，获得较好收益的同时有效避免利息上不必要的损失。在很多人的认识中，银行储蓄只有定期和活期两种形式。实际上，在这两种储蓄方式之外，几乎所有银行还推出了不少以储蓄为基础的理财品种作为延伸，而且它们同时具有银行储蓄的安全性优点。如果储蓄者想让自己投入的资金得到更多的回报，可以根据自己的收入方式和储蓄的不同特性选择最适合自己的产品。没有高收入工作，大多数工薪族只能靠每月数千元的工作收入构筑自己的财富王国。现在工薪族生活压力大，理财困难多，月光族远远多于财富族，有的工薪族便灰心了，发出"无财可理"的无奈声音。一些理财专家指出,人人可理财,普通工人们只要合理规划,精打细算,仍可获得工作之外的理财收入。

储蓄看起来平常不过,毫无技巧可言,其实并非如此,但在银行诸多储蓄品种中,如何挑选并组合也有讲究。选择储蓄,图的无非是安全稳妥,因此,选择储蓄品种时,应将方便适用性放在首位,在此基础上,再考虑怎样获得更多利息。

1. 平时的生活费,由于经常得随时支取,最好选择活期储蓄。如果平时的支出较有规律,那么活期储蓄的数额较容易确定,一般只要能维持六个月正常生活就可以。

2. 每月如果有些小结余,那么不妨考虑零存整取存款。这样就可以积零成整,积少成多。

3. 如果有一笔积蓄在较长时间内不会用,通常会考虑整存整取,以获得较高利息。存款期限越长,其利息就越高。在进行整存整取前,储户应对未来三五年内可能会发生的大额支出作一番思量。

4. 如果要考虑利率调整,储户可以采取如上所说的"阶梯存储法"。这种储蓄法既能应对存款利率调整,又能获取3年期存款的较高利息。

5. 每月存入一定数量的钱,所有存款到期年限相同,只是到期日分别相差一个月。这种方法能最大程度地发挥储蓄的灵活性,一旦急需用钱,可从到期或即将到期的存单中支取,以减少利息损失。

第三节 股市，财富的天堂和地狱

追逐利益是人的本性，但要想进入股市首先要有良好的心理素质和平淡的心态。任何投资者都希望以最少的投资换取最大的收益，这在类似赌博的股市中表现尤甚。然而收益与风险都是一对相谐相生的孪生兄弟，在取得丰厚收益的同时必然要承担巨大风险，然而股民往往只想到获利后的喜悦，却忽视本金损失带来的痛苦。俗语说的好：自己的肠子不用别人去丈量。也就是说，持股人有多大实力能承受多大的资产风险自己要心里有杆秤。不要幻想只需投入一定资金就可坐等丰厚回报，一夜之间就能够成为千万富翁，要是这样，大家都来股市淘金了，谁还会上班开公司或种地。炒股有风险，而且风险很大，亲爱的你入市需谨慎再谨慎，避免被套牢。

想炒股该如何入市呢？

炒股需要先开户，开户可以到证券公司直接办理，放心，柜台营业员会热情接待并帮你打点妥当。现在一些开通银证通的银行柜台也可以代理证券公司开户。下面介绍一下开立证券账户卡的流程和注意事项吧。

1. 投资者入市首先应该开立证券账户卡。

开办深圳证券账户卡的投资者要带好自己的身份证和复印件到所在地的证券登记机构办理开立证券账户手续,如果是委托他人代办的,不但要有投资人的身份证和复印件,代办人也要提供自己的身份证及复印件。个人办理开户只需要交纳50元/每个账户。

开办上海证券账户卡的投资者要带好自己的身份证和复印件到所在地的上海证券中央登记结算公司开户代理机构办理开立证券账户手续。个人办理开户要缴纳40元个人纸卡费,或40元每个账户的本地个人磁卡费用,抑或70元每个账户的异地个人磁卡费用。

2.投资者办好深、沪证券账户卡后,需首先到证券公司营业柜台或其指定的商业银行代开户网点开户,然后才可到证券营业部买卖证券。

证券公司营业柜台开户程序:(1)个人开户时提供二代身份证原件和身份证复印件,深、沪证券账户卡原件和复印件。(2)与证券营业部签订《证券买卖委托合同》或者《证券委托交易协议书》和有关沪市的《指定交易协议书》并填写开户资料。(3)证券营业部工作人员为投资者开办资金账户。(4)如果投资者需要开通证券营业部银证转账业务,一定要仔细查阅证券营业部对此类业务的使用说明。

投资者在开户时,需要选择网上交易、手机炒股、电话委托、银证转账等在股票市场中资金存取方式和交易方式,并与证券营业部签订相关协议、办理开通手续。

3.需要到相关银行办理相关手续才能开通银证通。办理方式大致如此:持本人二代身份证、银行以自己名字开户的储蓄存折和深沪股东代码卡等资料到已开通业务的银行办理开户手续。在工作人员的指导下填写《银券委托协议书》和《证券委托交易协议书》、设置

密码。

4.B 股开户流程是这样的。第一步,先带着本人二代身份证或者其他可证明身份的文件到原外汇存款银行将自己的现汇存款和外币现钞存款划入证券商在同行、同城的 B 股保证金账户中。境内商业银行要向境内居民开出进账凭证单据,同时向证券经营机构提供对账单据。然后凭投资者拿着进账凭证单和身份证等相关资料到证券经营机构开立 B 股专用的资金账户,开立 B 股资金账户的最低金额为 1000 美元或者与之等值的其他货币。然后凭刚开立的 B 股资金账户,到相应的证券经营机构申请开立 B 股的股票账户。

股东开户流程图:

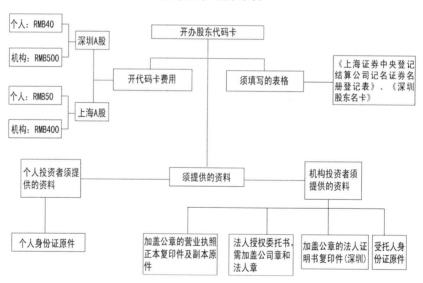

资金开户流程图(以国泰君安证券为例):

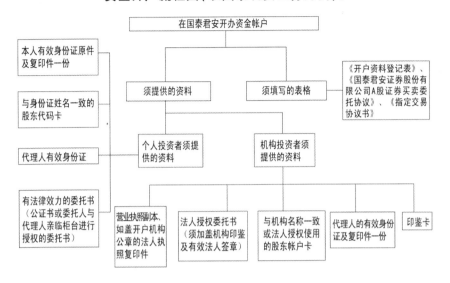

股票账户开好了,可以开始交易了,这个才是最最重要的,一定要小心,慎重出手。

股民首先要对股票市场的政策规定、交易规则有一定的了解和认知,凭开立的资金账户和股票账户就可以按照相关的程序通过一定的方式进行正常的股票买卖了。

股民确定买哪只股票后,就要按照股票买卖委托内容的要求,把自己的购买想法告知证券商,委托它通过热线电话传达到派入评判交易所场内证券公司的出市代表,由这个人在场内的席位上将投资者想要购买的信息输入证券交易所的电子计算机的主机上。在这个环节中,热线电话属于有型席位。投资者当然还可以选择通过无型席位进行交易,也就是通过连接证券交易所和证券商的卫星通讯系统,将股民想要购买的信息直接传入证券交易所的电子计算机主机。证券交易所的电子计算机主机会根据指令自动生成交易,并将成功交易的信息传达给证券商。

第六章 合理投资——让钱生钱 其实不难

每天收盘之后，由各城市的登记结算公司和沪深两地的中间登记结算中心进行股票和资金的差额结算，各城市的登记结算公司每地只有一家，然后由当地证券商与买卖股票的股民与当地的证券登记结算公司进行清算交割。

股东姓名、买入或卖出指令、上海或深圳股市、股票名称、资金卡号、股票代码、委托价格和委托数量是股民买卖股票时要向证券商下达的委托指令主要内容。

股民发出买卖股票委托指令后，如果不知当天是否已经成交，可按照委托单上的合同号查询。如果有一部分还没有成交，可通过撤单委托取消委托指令。不过撤单委托要根据买卖委托单的合同规定操作，并要交纳一定的撤单费。股民如果不想花钱撤消还没有成交的委托单，也可持委托申报在盘内等待不进行任何操作，因为委托申报当日有效，第二天就自动作废了。

股票市场每天9点15分可以开始参与交易，中午休息时间为11点半到13点。下午时间为13点开始，15点整交易结束。

深沪证券交易所市场交易时间为每周一至周五。上午前市9点1刻至9点25为集合竞价时间，9点半至11点半为连续竞价时间，下午为后市，13点至15点为连续竞价时间。

周六、周日是上证所公告的休市日，不做买卖交易。

一、炒股铁律

新股民大部分是看到有人赚钱眼红羡慕，以为只要炒股就可以赚大钱，然后一激动决定入市，他们光看到别人挣大钱的时候，却不知道股市其实有很大的风险,更不懂股票应掌握的知识,以为买只股票就等着收钱了。在这种利益无限大的心理影响下,很多人刚刚入市就赔的血本无归。

在股市中征战了一段时间后,很多股民虽然已懂点炒股的知识和操作方法,但抗风险能力差,股市一跌就慌了手脚,浅套时不舍得及时急流勇退,一直认为股价有升值的空间,一味死等解套,结果套没解却越陷越深,不得不做长线。很多人误认为炒股只要有钱就行,于是在下跌的情况下还加大资金投放力度,总想尽快扳回损失,股价在高位刚下跌就急忙补仓,最终导致连续亏损直至弹尽粮绝。

也许真的要身经百战千锤百炼有些股民才会吃一堑,长一智,明白要瞻前顾后的去炒股。在变幻无常的股市中,始终要保持一颗平常心,不要因为暴涨而冲动,更不要因为暴跌而恐慌,一定要淡定、冷静分析、审慎出手,逐渐趋向成熟。

炒股如做人。炒股其实是一种人与人的游戏,在博弈中人性真正本质暴露无疑。无论人之初是善是恶,都会因为成长中遇到的事情使人的各种各样的优点和缺点呈现出来。但在股市激烈的活动中,人本身存在又容易暴露的人性弱点又对股票的投资决策产生极大地影响。

1. 人都有贪欲。尤其在市场经济的大环境下,主要表现为对金钱贪得无厌甚至不择手段、忘恩负义、违抗法律去收敛钱财的贪婪行为。

炒股像一个放大镜,照出并放大个别股民的这种人性弱点。举个比较典型的例子,股票账户资金增值明明已超过了200%,但依然不平仓,认为自己还能赚更多的钱。挣钱当然是好事,但是仔细想想在干什么挣钱都很困难的背景下,你只要点点鼠标打个电话,账户里的钱就自己往上增加应该知足了。许多贪婪的股民最后往往是悲惨的套牢,原因就是太贪。知足可以常乐,而贪婪的人结局大多是悲惨的。所以,想做一个成功的股民一定要戒贪。

2. 人都有很大的惰性，如果没有竞争或者生存带来的压力，则会陷入贪图享乐、不思进取的轻松人生怪圈中。其实不论哪个人在任何行业，要想成功都先要付出汗水、泪水甚至是血的代价。所以，想要炒股成功，就必须先克服打一鞭子走一步的惰性，付出比常人更多的精力和资源去学习、钻研股市的各种政策、技巧等。

3. 人都有一定的投机心理，往往在不定主意时候，就喜欢抱有侥幸心理赌一把，说不定会收到好的结果。你没见买彩票的人也越来越多了么！尽管中千万大奖的概率非常非常低，但许多人还是乐于此道，天天跑去买彩票，期望有一天天上掉下大馅饼。所以世界的赌场、彩票的销售、有奖促销等等类似的经营行为才能如此火热。

但我们必须懂得适可而止，不能总靠着运气过活。炒股本身存在着风险，从某种角度上讲它就是一场赌博，要学会接受和担当。比如亏损承担，一旦哪天这只股票转亏为盈，它的股价就会随之一步登天。可以说炒亏损股就是在赌博，这也是某些亏损股的股价有时甚至会比业绩好的股票价格炒得还高的原因之一。但我们绝不能只依靠投机赌博去买卖股票。最关键的还是要通过学习、实践中总结的经验和教训去炒股，再加上可能遇到的一点好运气，最后才能大功告成。

4. 人都有一定的依赖性，做事决断往往没有主见，而是希望有他人点津自己可以坐享其成。

一些股民就是靠打听来的大道小道消息、股票市场上的传言和网络电视上的股评来买卖股票的，而自己对股市的可靠分析和判断很少。当然，及时与其他股民交流信息，适当听听股评的建议是必要的，但是买卖股票归根到底是为自己挣钱的行为，过分依赖别人是不现实的，现在无偿服务的也不多,股评更是错的比对的多,各种小道消息也是五花八门可靠性不强。因此,炒股要克服依赖性,坚持综合各方面理性分析,自己根据实际情况下决断。

5.人都有涣散性、随意性和分散性。正如社会管理层必须要制定相关的法律、法规和各种规章来加强纪律,个人也要规范一些不良的行为。但在股市炒股可以独来独往,没有太多的约束和监督,有些人涣散不加约束的习性就暴露了。你可以凭着兴趣任意买卖股票,但危险也随之而生。如果你没有给自己制定一个严格的用来买卖股票的规定,或者即使制定了也没有监督,不会坚持自觉的执行,结果大多是功亏一篑。所以你必须克服人性的散漫等弱点,炒股前要制定停手的原则作为自己拼搏的动力。当然最重要的是必须"执法严格",自我监督。

6.人都有喜欢显摆自己的习惯,当遇到开心的事喜形于色,觉得自己有本事,飘飘然的逢人就要炫耀一下。遇到挫折困难时,则愁眉紧锁寝食难安,见人就唠叨自己的倒霉事。

人的喜怒显现于色的缺点在炒股中表现得也很突出。炒股盈利后,就约上亲戚朋友猛搓几顿,恨不得大摆筵席三天开个记者招待会,见人就吹嘘自己的业绩。而一旦失败,立马情绪低落,还把火撒在别人头上,遇到股友或亲戚朋友不停的唠叨自己的过失,抱怨这个憎恨那个而坚决抵制自我批评。从来不会总结失败的教训,更不会主动从自身上找原因,而是将失败一股脑推脱给股评、政策等。其实作为一个股民,一定要克服这个爱吹不爱批的恶习,炒股不管是盈是亏,最好要不动声色,不要见人便说。炒股就是炒钱,要拿得起放得下。尤其到亏损时,先不要迁怒于别人,检讨一下为什么会失败,不过也不要过分的责怪自己。

人还有很多其他缺点,如果不注意克服、约束,不仅对炒股不利,对生活或者工作也没好处。炒股也是发现人性缺点的一个过程，可以在自我认知过程中不断改正、完善自己。如果您炒股业绩持续飚高，也在一个方面反映了您品性的提升，反之，如果炒股的水平一直徘徊不前，就要好好审视一下自己，多从各方面找找原因了。所以说炒股如做人，要学炒股，先学会做人。

二、如何判断绩优股？

一般来说，同时占据好的行业、好的产品、好的管理层、好的机制才能发行出好的股票，如果你遇到占尽上述四点的企业股票，立马出大手笔，千万不要错过，从长期来看将有不错的回报。

首先，好的行业是主导，只有在好的行业中才更能创造价值、实现价值。行业发展速度要快，企业价值的增长往往需要建立在行业的高增长基础之上，在历史上只有万宝路香烟是在低增速行业中实现长期增长的公司。行业的商业模式也要好，人寿保险与航空就有着显著不同，航空公司在全世界中破产的案例非常多，但人寿保险就较少。不同行业存在的风险系数不同，所创造出的价值也有很大差异。而且要注意，企业价值增长后对现金的需求也有所不同，有些企业虽然可以赚到大钱，但是要开发新的盈利增长也需要大量的资金投入。面对同行业间的竞争当然要拥有好的产品，生产微软产品和生产一般纺织品，面对的行业竞争显然不同。

好的管理层和好的机制同样重要。即便是好的行业、好的产品，如果没有科学的管理进行规范，依然难以创造价值，比如旅游景点拥有很强大的自然资源，同时游客需求快速增长，但如果在管理欠缺的情况下，还是不能得到什么回报。另外，机制也很重要，从多数国有企业改制前后的业绩比较情况来看就可得知了。

对于管理的资产股份份额较大的投资者,需要在中观层面考虑其行业的经营前景。做行业配置并不很难,主要依据就是看哪个行业在整个市场中的估值明显偏低,便加大这个行业的配置,一般在中期都可以获得较好回报。如2007年初的煤炭行业,发展前景非常模糊,几乎所有股民都已经要放弃它了。可是到了二季度,煤炭股不仅全线上涨,而且行业前景一片光明,成为社会机构力捧的对象,也成为很多股民眼中的宝贝。现在就可以辨析一下目前的哪些行业是与当年的煤炭行业情况相同,再决定是否进行买进。

股价涨跌情况是很多因素穿插共同作用形成的结果,在解盘时必须了解盘面之间与各种影响因素的相互关系,让自己学会从细微的变化中找出它的发展趋势,及时调整操作思路,灵活地应用于股市实战。所以,对影响股市的各个层面进行综合研究判定是了解大盘走势的基础,这种解盘的方式通常只适用于短线投资,能取到立竿见影效果的是当天和当周解盘。

通过消息面对大盘解盘。股市的每次涨跌波动都受到国家政策的重要影响,因为普通股民会时刻关注国家大环境的动向,所以相关政策会直接影响大盘走势,国家在每个阶段都会推出不同的领导性政策,而且当大盘正处于敏感期时,政策更成为具有决定性的指向。另外,大盘中可能会有有关个股的消息,这只股票尤其是成分股如果连续性的呈现涨跌停板走势,就会对大盘的短线走势有方向性的引导作用。

利用技术指标对大盘解盘。大盘的走势是在大量的交易中形成的,如果成交几率不大的大盘走势即使有波动,也不会显现持续性,所以成交量是一个指示信息。影响大盘的第二个指标是中期均线,分为30日均线和 60 日均线两种,中期均线可以让投资者清楚的观察出大盘动向。在两个技术指标不能再做参考时,可以依靠影响大盘的第三个周 KDJ 指标,这是大盘动态趋势的显现。

关注大股对大盘解盘。当大盘出现特别明显的涨跌情况时,每个阶段都会有几只对市场影响力比较大的股票出现,它的走势特征与基本消息的最新动态会对大盘的整体趋势起到加速与修正的作用。与此同时,市场成交量最大的一类板块的涨跌还比较值得关注。

关注主力群体动向对大盘解盘。基金的整体运作方是市场上很大的主力群体,它会对大盘的走势起到重要的作用,关注基金的运作方向可以跟踪到相应重仓持有的个股表现。另外,也要对大盘涨跌幅度猛烈的几只股票进行比较,即使在没有明显的涨跌热点的时候,也是可以判断大盘涨跌是否具有持续性的参考。

三、炒股计中计

股市如猛虎,稍有不当就会让你铩羽而归遍体伤痕,甚至为此殒命。股市风险多又大,各位股民在股票的操作中要小心防卫,在此先支十九招作为基本的防御。

第 1 招:谨防成为赌徒

刚刚进入股市,最重要的一点就是防止陷进去成为赌徒。首先,要相信股市确实有可能帮你赚一点钱,但不能作为你致富的主要手段,归根到底还要脚踏实地的工作奋斗,为自己积累财富。更关键的一点是,股市很疯狂,大多数人是会赔本的,真正能在股市中赚钱而变得富有的人只有万分之一,几乎同中彩票头奖的概率一样,微乎其微。在这种思想的基础上,你炒股投入的资金一定不能太多,最好是你或者你整个家庭的流动资金的十分之一甚至更少,最多投资也不能超过三分之一。这样,你才不会有太大的压力,才能受得了股市的跌宕起伏。否则,一旦经受不住股市动荡刺激的心理压力,再加上有股子在股市上不撞南墙不回头的劲头,会让人输的很惨最后甚至成为疯狂的亡命赌徒,后果严重的更会导致家破人亡。在决定拿着资金入股市之前,先要了解股市的规则,掌握各种炒股技巧,了解股市的内幕,也可以先进行无资金投入的演习炒股,不断成功后方可进入股市。

第 2 招:心态摆正防止盲目跟风

人都看到别人做什么事赚了钱眼红,然后跟风一哄而上,马上跟着做,而这种心态做法在股市中,却往往是一种万万要不得的最致命的错误。股票市场瞬息万变,有的时候你会看到所有人都在开始赚钱,这时再跟进去赚钱高点已过,可能就是个赔钱的开始了。作为一个新股民,学习是最重要的,其次就是等待,等什么呢? 等大盘走向很低的时候再进入。股市本来就是升升降降这么点事,升上去了,一定会再降下来,降到底了,升上去的可能才会很大,这就是股票市场。想要炒股,首先就要懂得把握自己,先把心态摆正,遇到任何威逼或诱惑都不改变信念,才能成为最后的赢家。

炒股中的大忌就是盲目买卖,具体说就是当买进一支股票后,发现它的市值不断下跌,于是又抛了再买一支看似上涨的股票,可是买到手之后不幸又在下跌,于是这样一次一次得轮换,其实一直都处在赔钱的怪圈中。这是因为在买卖股票的过程中没有考虑清楚,选择的时候对股

票也没有一个全面的评价，只是盲目跟流，看买哪支股的人多就买哪支，这样跟风随大流结果肯定是赔钱。只有当评定好一支稳定的股票后，才可以开始投资购买。

第3招：防止被腰斩

腰斩，顾名思义拦腰截断，也就是说你所投资的股票的现价已经跌到你购买时价格的一半了。现在的股市中好像不会有人让股票跌到半价以下才抛售，而事实上，这种执着跟随的人在股票市场中有很多。当你买进的一支股票开始下跌，也许刚开始时跌的速度会很慢，所以你觉得它的跌价只是一个假象而不去在意，随着时间的推移，这支股票股价下滑的速度会越来越快，到了所谓的腰斩期。如果是你非常看好的股票，你一定会认为下跌的速度这么快，证明它一定还有反弹的机会，但这只是你个人一厢情愿的想法，股票兀自一路跌下去，你也许还会想，反正也赔了这么多了，看看有没有转机吧，但最终的结果就是不止腰斩，连腿都断了。股市与个人钱财资产息息相关，可真不是拿着辛苦血汗钱赌气的地方，它十分险恶，一念之差可能会让人倾家荡产。

第4招：防止高位站岗

高位站岗指的是，很多人都在买进一只走势飚高的股票，而当你刚刚买进时形势逆转立即开始大跌，于是你在高位被套住了。一般针对连续大涨的股票要谨慎提放，在打算买进前先考察一下这只股票的上涨空间还有多少，也就是说要了解清楚再下决心买入，而且也要留一手，不要一次全都买进，可以分成几批、在不同的时段买入，也许这样会赚得少一点，但比赔得一分不剩靠谱得多。

第 5 招：慎待政策调控

正因为中国股市还有很多不正常的操作现象，而且中国人又严重喜欢跟风，所以国家经常会对股市进行宏观调控，国家实施调控和庄家做空股票的时间都是散户们不可知、无法知的。如果股民天天担心的话，国家会天天在提醒。各位股民，在国家出台各种利空信号、并且接二连三地提醒时，千万小心，不要为了暂时的利益大量买入股票，往往在这时股票高空走向会出现大涨然后大跌。

第 6 招：切忌单恋一枝花

有的人把自己准备买股票的钱一古脑全部投注，买了一只或几只股票。而一旦有更有价值的股票，或者更好的机会时，就没有资金了，只能干瞪眼坐失良机。所以买股票时，要给自己留下三分之一的资金作为后路，这样也能防止不能挽回的重大损失。记住我上面说的要观察几支股票，然后正确的投入。可有一些人认死理，偏偏就抱住一支股票不放，这样如果这支股票上涨，赚的一定多，但是一旦下跌，赔的也很是惨烈，所以最好同时持有几支股票，分散投入，但是不盲目、能掌握尺度才是最好的。

第 7 招：切忌误听传言

炒股的人喜欢到处打听行情，交流是需要的，但传言终究是流言。等买进这支股票的时候，散布传言的人却可能暗度陈仓，已经将这支股票抛售殆尽，狠赚了一笔，而被套牢的却是盲目听信假消息的人。散布传言的人也不是傻子，他们会抓住股民的心理，有时这些小道消息会让人犹豫，稍加考虑，但有时传言会正好跟你对股市的分析一模一样，正中下怀让人一点戒备没有甚至欢天喜地的进入圈套,而且对其坚信不疑,越陷越深。股市的涨跌就是跟风的后果,正是因为参与买卖的人多了,股票才变得更有意思。尤其是中国人口多,一人买一只,也足够使一只股票走到顶点,但是如果这时候没有马上撤出,股民的境遇就会很危险了。

第8招:避免对着枪口冲锋

枪口,指的就是国家的调控,是在股票进入一定时期时国家作为支持企业的方式。对着枪口冲锋的股民在国家大力调控股市的时候认为有机可乘大量买进,当国家看股票形式回转不再帮忙的时候,股民们的钱就这样搭了进去。利用国家调控时期买进当然可以大赚一笔,但风险与利益是共存的,后悔的时候也为时已晚。

第9招:防止谷底套牢

你是通过什么来评定股票的好坏呢？如果你的回答仅仅是价钱,那很可能会造成你投资的失败。整个股市大跌后,股票的价格降到底一般来说本应该会上升的。可是,少数股票因没有太多大的价值空间,大多数人也都不会买,它的价格也一直在底部徘徊就是升不了。所以,准备在股市进行抄底时,选股十分重要,一定要通过多种渠道综合评定这支股票能否确定增值。评定一支股票是好是坏,要从交易量和价格等多方面考虑,任何单方面因素都起不到什么作用。不然,就会像是在井底游泳,永远都上不了岸,在谷底就被套牢了翻不了身。你想要在其中捞上一笔,就要在抄底的时间上用工夫,以防股票接连大跌,没赚反赔。

第 10 招:防止为庄所惑

股票操作中,庄家是一个重要的角色,没有他们,股票上涨会十分困难,可你永远不知道他心中怎么想的,当他们一旦为了保住自己的利益而空仓时,股票往往会大跌。如果你发现有很多人大笔买入一支股票,它的价钱也随之不断上升,你要注意最好不要冒着风险买进,如果这只股是你本来所拥有的,就要在它的价格刚开始下降时,分批卖出,因为它很可能跌的一败涂地。

第 11 招:切勿贪心不足

股市中,贪心是普遍的现象。股票的价格一翻再翻,人的欲望更会加速膨胀,这时危险就一步步在跟紧你。遇到这种情况时,要懂得留一点给别人的道理。无论是站在保护自己的角度上避免遭遇股市大跌的惨败,还是站在别人的角度上本着有钱大家分的理念,都要先收回已得的利益进行再投资。

第 12 招:严防错位操作

这一招和乱买乱卖遇到的情况差不多,买进之后反而跌,卖出之后却涨,在一支股票上往复循环。这种倒霉的事经常会被刚刚进入股市的人遇到,因为新人对股市抱有热情,不够冷静,没有足够的信息,也没有仔细分析过,光凭着一支股票的涨跌来购买,吃亏之后一部分人无奈选择退出,而一部分人懂得要深入研究的道理。有的人在股市中赚到大钱之后,忘记了安排自己下一步的走向,可能目前正处在高位的获利多的股票还攥在手里未卖出变现,反而跌得只剩微利甚至没有利益。得意忘形有时也在获利后出现,觉得自己运气好,对股市的谨慎放松随便买进几只股票,结果大亏。

第 13 招:切勿坐失良机

当股票下跌时,股民不去分析而忙着平仓,但一般来说全局下跌后会有大幅度的上涨空间,仔细分析股票反弹趋势的人都会赚钱,可能只有你不幸被落下。这种现象,在股票操作中,会让人非常后悔的。想利用股票赚钱,就要懂得如何在合适的时候买入卖出,而且低价买入高价卖出才能得到最大的利益。股票的分析,是一个非常复杂的过程,业绩、价值、国际情况、国家的政策方向等因素很多,只有比较全面得掌握并逐一权衡比较,才能选出会稳定增长的股票。股票的操作谨慎小心很重要,但在机会来时,犹豫不决也会使机会溜走。在对股票仔细分析得出结论后,如果还是犹豫不决,一两个涨停后,利益空间就很小了,或者会使你的获利全吐甚至还亏本。股票的涨跌有很大的随机性。如果不能抓住机会,就会前功尽弃,所以前期功课必须做足,下手时才能稳、准、狠。

第 14 招:防止孤注一掷

只要进了股市炒股就跟进了赌场一样,赚和赔都是一定会发生的。但是很多人幻想着只赚不赔,亏本就耿耿于怀,还做出不理智的举动,像赌博一样把所有钱都压进去孤注一掷,想就此翻本,但是很可能就会因此赔的一无所有。炒股最忌讳冲动,所以无论何时都要保持冷静,分析成功和失败的原因。想买进一支股票时,首先要观察它的市场动向和大环境,这样就算分析失误,只要及时调整,一切就都在你的掌握之中了。

第 15 招:不要随意增加投资

在股票操作中,有利的前提下适当增加投资是可行的。但在毫无思考前提下的增加资金或者投资过多就是一种盲目的操作。有人在获利时想更多地赚一点,大量增加资金投入,甚至有的人在亏钱的状态下还继续投钱,妄想把失去的赚回来。于是将大资金投在低位,这种行为其实是赌博,而不是炒股。所以,要学会融合控制自己的资金流向,为自己做一个投资平仓的指标,要保持心情平静,永远按着你给自己既定的原则去做。

第 16 招:防止价值迷信

这里的迷信指的可不是封建迷信啊,而是过分相信股票可以带来的利益。就像之前说到的跟风问题,其实就是一种迷信行为,所以对如何处理手中资金的问题,还是相信自己最靠谱。股票能赚钱是毋庸置疑的,看看成倍入市的股民就可以知道,但是如果没有其他的工作或收入来源,每天只靠做"职业网民"炒股赚钱来维持就有点悬了。我们几次说到,炒股一定是有赚有赔的,如果赔大了,却没有其他生活来源,那能不能活下去就成问题了。所以,对股票要有平常心,把他当作投资调剂品,不要为之付出太多的代价,才能在股市中运筹帷幄。

第 17 招:切莫遍地开花

有的人随机性的买入很多股票,认为只要这样,大部分股票赚了,就是赚了,其中要是有一两股被自己蒙中了赚了大钱,那也算是一笔意外的收获。但是不知这么做的时候有没有想过,如果赔了怎么办?如果买的大部分股票都赔钱,这么算下来总的投资不也是赔钱么。所以股票不能这么玩的,要真正的对几只股观察分析好了,再做决定投入,有目标才是正确的投资策略。天天一个人守着股市,难免经常改变主意,买来卖去,看似可能不赔不赚,其实最后算来还是亏的时候多,赚的时候少,因为股票总是涨涨跌跌,你一看跌了就卖掉,可它还会再涨,买进来却又跌了,来来去去到头是亏。炒股,最好就是炒而不炒,注意火候,买好一只有价值的股票,可以先放它几月,好东西总是会涨价的。

第18招:防人之心不可无

股市是用来赚钱的场所,因为有利益的因素所以骗人的人也很多,有些人说推荐一定上涨的好股票,有些人说有保证让你赚钱的内部消息,你一旦相信,就中了他们的圈套为自己惹来麻烦。股民朋友,千万不要轻易相信有一定能赚钱的事,如果真的可以赚钱也不会有人自动把钱分给你。在股票市场中,自己去拉帮结派,也不要跟着别人去抱团炒股,那种认为大家一起来抬高股价获利的事很可能害到你,别人很可能在你抬价时出货,留下你一个人去买单。网络上,到处是拉帮抱团的散户,千万不能加入他们,弄不好就被骗了,也不要惦记着陷害别人,你在算计别人的时候,别人也许跟你有同样的心态,总之,害人之心不可有,防人之心不可无,所以,干脆就不要加入这种炒股团队。

第19招:防止为股害家

最后要说的也是最重要的,什么事最怕入戏太深过分痴迷,尤其是跟钱扯上关系的。股票每天不停地动荡,股民放在上面的精力自然要增多,但是如果精神投入到食无味,睡难眠的地步,就不太好了。到了自己手上的股票价格大跌的时候,更是恐怖,上火不说,有些人更是因此走火入魔。其实股票说白了就是人们投资赚钱的一种手段,当它有一天不再被你所掌控,而是驾驭你的生活和情绪的时候,就失去原本的意义了。股市起伏不定,如果你打算投身股市,一定要先同家人沟通好,不能一意孤行硬闯,因为,一旦在股市中赔大钱,家人就会跟着受累。赔钱的时候,一定要有耐心,把股市当成修身的场所,虽然没赚到钱,增加了自己的修养也是一种收获。一家人同心协力,其乐融融是最重要的。你想要赚更多的钱,目的不也是让家人过上更好的生活嘛。

第四节　基金债券,放长线钓大鱼

2010 年 11 月,国家发改委公布的 10 月的 CPI 数据同比增幅达 4.4% ,放眼一望,国内无论是成千上万的大宗物品,还是各类农产品,还是小到一碗豆腐脑,都是涨声一片。周围大小商品的价格持续上涨,口袋里的人民币购买力自然持续下降,再加上工资上涨的频率和幅度永远赶不上物价的上涨,我们不得不接受如此残酷的现实:通货膨胀真的是来了!

常言道:既来之,则安之。既然通货膨胀不可避免地来了,我们没必要太惊慌,因为惊慌也没用,要积极想办法应对。理财专家建议可以借助专业理财服务来保卫资金的资产，尽量使财富得到保值、甚至增值。

在通货膨胀周期内，想避免资产缩水的话，把钱投到股票型基金或者黄金是比较可行的策略。同时，在自己的能力范围内适当提早消费，又是一个明智的选择！我们知道，货币虽然有价值，但并没有使用价值，其主要作用是在商品流通中起支付功能。所以，可以通过提前把喜欢的商品买回家来与CPI赛跑。不过，选择消费对象非常重要，不是说让你把柴米油盐等日用杂货囤积起来，购置的时候尽量以高档保值消费品为宜，如房地产、黄金首饰、珠宝等，这类商品相对稀缺，每年都会向上调价，更重要的，他们增值空间较大，价格增长的速度肯定会高于CPI。此外，可选择到欧美等旅游购物，虽说人民币目前在国内的购买力下降了很多，但相对于欧元、美元来说，仍是升值形势，现在去那边消费还是比较划算的。

我们在采取各种办法抵御通货膨胀的时候不能忽视经济风险。风险永远与机会并存。投资能够产生收入，风险更将如影随行。所以在做投资决策前一定要根据自己的财务实际情况及心理、经济风险承受力全面考量，从而对个人资产进行合理配置，运筹帷幄，精致生活，在通胀时合理安排好自己的生活。切勿慌乱跟风而上，乱投一气。

基金和债券相对于股票来说都是投资性的盈利，很多人在股市上损失惨重，转而变化投资策略，把身上的钱投在了基金和债券上，那么，它们三者有什么样的差别呢？

在中国政治和经济的大环境下，股票的价格主要受上市公司经营效益和市场的需求量等因素的影响，债券的价格主要受存款利率的影响，证券投资基金的价格主要受基金资产净值或市场需求与供应的比重的影响。

一般情况下,股票的收益是不确定的,债券的收益是可确定的,证券投资基金虽然也不能确定,但它本身的特点决定了其收益要高于债券。

在风险程度上,按照以往的投资实践和理论判断,股票投资的风险比基金大,基金投资的风险要比债券大。

股票投资是没有期限的,随时可以回收,只要在证券交易市场上按市场价格变卖为现款即可,债券投资是有一定的期限,到期后可以收回本息,投资基金中的封闭式基金,可以在市场上变卖为现款,存续期满后,投资人可按照自己持有基金的份额分享相应的剩余资产。开放式基金没有固定的时间限定,投资人可以随时提出赎回请求。

一、基金实战指南

想要投资基金,首先要申请一个基金账户,也就是办理与基金相关的申购、赎回等手续时管理资金的银行卡或者存折。基金账号就是开户银行的账号,用原来的银行卡或存折就可以,如果没有可以在银行现办一个也不麻烦。不过如果打算在建行买基金,还需要再办一张"证券卡"。

注册登记机构账户就是基金 TA 账户,简称为基金账户,它指的是注册登记人为投资者建立的用于记录和管理投资者交易的一个账户,如该注册登记人已注册登记的基金种类和数量,以及变化状况等。投资者在一家基金管理公司只能申请开设一个 TA 账户。

基金交易账户简称交易账户,它是银行专为基金投资者设立针对于在本行进行交易的账户。投资者通过银行网点办理基金业务时,必须先开通基金交易账户。此账户用于记载投资者持有的基金份额和进行基金交易活动的情况。投资者在一家银行只能开立一个基金交易账户。

每个投资者在一家基金管理公司虽然只能拥有一个 TA 账户,但却可以开立多个交易账户,比如在某证券公司开一个,在建行开一个。两个交易账户可以同时进行买卖交易,也可以将基金从一个账户转到另一个账户,也就是投资人常说的转托管。一样的道理,一个投资者在一个银行只设立一个交易账户,却可以同时拥有多个 TA 账户,用来购买很多个基金公司的基金,这时是一个交易账户对多个 TA 账户的交易。在银行就可以办理交易账户和基金 TA 账户,只要你告诉对方想要买哪只基金,银行就会替你一块儿办齐,当然你也可以通过网银自助开户。

办完以上手续就可以申购或者认购基金了。

通常来说,申购期购买基金比认购期购买基金的费率要略高。不过,认购期购买的基金通常要过了封闭期以后才能赎回,而申购的基金在申购成功后的第二个工作日就可赎回。以注册登记中心的记录为准则回馈认购期内产生的利息,基金成立时自动转换为投资者的基金份额。

《货币市场基金管理暂行规定》第九条规定:对于每日按照面值进行报价的货币市场基金,可以在基金合同中将收益分配的方式约定为红利再投资,并应当每日进行收益分配。还有《证券投资基金运作管理办法》第三十六条规定:基金收益分配应当采用现金方式。

例如,权益登记日为 11 日,则收益分配对象就是 11 日登记在册的本基金的所有持有人,那么 11 日登记在册的基金份额享有基金红利分配权。也就是说在 11 日基金转换转入和申购的基金份额无红利分配权,在 11 日基金转换转出和赎回的基金份额享有红利分配权。

如果以现金方式分红,那么通过"现金分红确认金额 = 每基金份额派发红利金额×享受分红权益的基金份额"的运算方式就可以计算出所得现金的数额。如果以红利再投资方式分红,那么通过"红利再投资确认份额 = 每基金份额派发红利金额×享受分红权益的基金份额/分红权益登记日的基金份额净值"的运算方式就可以计算出所得现金的数额。

投资基金三大葵花宝典:

基金因为具有资金的聚拢性和风险的分散性,而且有专门机构帮忙打理,所需投资者做的非常少等特点,受到许多投资者的青睐,尤其是在证券市场非常火爆的情况下,基金投资更加受到大家的追捧而成为热门投资产品。但是,基金投资也有风险,如果想得到好的收益也有一些技巧,所以在选择之前最好了解一些基金投资的基本法则。

1. 分散投资针对的是市场而不是产品

许多投资者信奉的一句话就是"不要把鸡蛋放在同一个篮子里",但我们还要对这"篮子"的定义再做深入的研究。很多投资者购买的基金产品都是股票型基金,也就是说,即使一个人买了很多种基金,但全部是股票类,也还是要面临净值波动所带来的风险。再通俗点说就是,股票型基金实际是将投资者的钱投到股票市场中去,我们把股票基金比喻成鸡蛋,股票就像个篮子,你投资的种类再多,最后还是回归到股票市场这个大篮子里,其实并没有走出固有的风险环境。在国外,很多投资者会把资金分散投入到股票型基金、债券型基金和货币基金市场中,有些人就算是把资金全部投入到股票型基金中,也会选择不同区域或者不同国家的股票作为分散投资的对象。而投入到同一市场,即使持有的类别再多,最后的结果也还是一样的,也就将分散投资转化成了集中投资。

尤其针对股票型基金来说，在国家宏观调控或者大盘整体调整期时，都会对所投的资产形成很大的威胁。所以，分散投资要看清市场再下手，避免系统性的风险。

2. 淡定理财，切莫跟风赎回

市场的巨额的赎回热潮，造成了一些基金持有人的恐慌心理，一想到别人的钱都赎回来了，自己的那份是不是也应该收回到口袋里才心安，这种心理左右着不少人的投资行为。另外还有一些投资者会担心，到年底很多投资者的赎回行为会导致基金净值的下降，从而连累到自己的资产遭受到损失。

基金与股票不同，股票升值时许多投资者会选择在高位大量卖出，这种行为会导致股票市值的下跌。但基金的净值并不会因为遭遇大量赎回而下降，唯一影响基金净值的因素就是收益率，但只要整体的投资是可以得到利润的，即使基金规模无限跌落，其净值依然在面值以上。

3. 均衡基金组合

一个均衡的组合才是好的基金组合，就是说组合中的各类资产比例要维持在一个相对稳定平衡的状态中。逐渐的，各项资金投资的走向各有高低，如果某些投资出现意外情况，就会使整个组合失衡。所以针对想获得的收益情况，建议投资者应选择几只业绩稳定的基金构成核心组合，让其资产占到全部组合的七成以上。除核心组合的投资，其他资金可投在风险较高，但收益可观的基金上。如果投资者将资金投入的过多过杂，但没有一个核心基金组合，很可能要承担着非常大的风险，使自己的投资与理想的收益不符。

核心组合与非核心组合的比例不是固定的，投资人可以根据市场在不同时期出现的状况做出有利自己的调整。当对投资市场有一定了解的时候，投资者可以根据自己对市场走势的分析结果来更改核心组合与非核心组合的比例。如果市场走势一片大好，可以适当减少保值投资，增加风险投资，反之市场情况不稳定时，还可以加大保值投资资金，减少自己在风险市场中的投资。这样变通得去处理投资资金比例，就可以使自己的收益达到最大化，损失减到最小。

如何判断基金的优劣呢？

1. 不迷信企业规模，综合评价基金公司实力。

现在，我国的基金市场还没有形成一套成熟规范的行业标准，目前某些基金机构的评级标准也基本只停留在基金排名上，并没有进一步的深度的评价。大部分投资者也只能跟着基金市场所显示出的评级结果和过往业绩来判断基金的价值。因为国外的基金市场已经发展了很长时间，相对成熟，对于基金经理的评定已经有了靠谱的结果，这些明星基金经理一般要通过 3 至 5 年甚至更长时间的考验才能确定，而中国在基金业只产生了六七年的背景下，基金经理的平均任期只有 1 年半。因此，投资者在考察基金情况时除了参照过往的业绩还应把公司的背景、团队的能力等因素考虑进去。

单纯的从基金产品上来讲，每一只基金按照其市场的广度和深度、基金品种的特点和投资工具，基金公司的管理运营水平，都应有它合理的规模。到底规模多大才最适合这家公司，才能更好的立足于股票市场，为自己带来更大的收益，这就要由基金公司的自我市场认识和它具备的管理能力来决定。记住！并不是规模越大的基金公司，为投资者带

来的利益就越高。

2. 基金无新老，只有好与坏。

买老基金还是新基金，对其的讨论无休无止。但几乎所有关于新基金和老基金的判断都是根据推断者的假设做出的。假设源于人的思想，思想很难控制，所以答案也就很难有实际的操作意义了。事实上，能抓住老鼠的猫就是好猫，不管是新基金还是老基金，只要能赚钱就是好基金。

很多人认为买老基金赚的不多，更看好新基金。他们大多认为老基金的申购费比新基金高，而且老基金净值已经有了较大升幅，投资成本比新基金要大得多，收益也就相对的减少了。其实老牌绩优基金比新发基金经受的考验多，拥有优良的管理体制和精良的风险分析人才，而且已经为投资者赚到了大笔的资金，是很值得信赖的。老牌绩优基金在服务投资者的方式方法方面普遍人性化和多样化，服务质量也更加周到、细致。尤其是老牌绩优基金拥有持久稳定的老客户，使其拥有稳定的运作资金。

实际上，新基金和老基金在本质上并没有什么差别，是完全同性质的产品。每一只新的基金都会取一个具有吸引力的名字，但无论是"动力平衡"、"稳健增长"、"先锋"还是"经典配置"、"积极配置"，都只是一个代号而已，基金本身并没有本质上的差别。归根到底，我们购买基金产品是希望它的净值能够上涨，而且最好涨得比别的基金要多，这也就是我们说的"好基金"。所以，不管它是新基金还是老基金，最关键的就是能给投资人带来收益。

二、债券实战点拨

国债的交易程序有：开户、委托、成交、清算和交割过户等五个步骤。

投资者想要购买国债，必须先到一家证券公司或者相关营业部门办理开户手续，这个账户就相当于你进入证券交易所的敲门砖，有了砖你还要与证券公司确认交易委托关系才可以入市交易。投资者通过电话或证券公司营业部柜台委托等方式进行委托交易，还可以通过这两种方式查询成交情况。还要完成国债交易的清算交割与过户。任何投资都是有风险的，风险存在于价格变化和信用之中。因此你在投资决策之前必须先正确评估它的风险，知道自己可能遭受的损失。

风险就代表着可能存在的资产损失，认为投资就会有利可收的想法是幼稚可笑也是不成熟的。因此在对债券着手进行分析之前，我们必须首先了解投资债券有哪些风险，还要清楚自己应该用何种方法去避免各种风险。

违约风险，是指债券发行方不能按时偿本付息，使投资者的资金受到损失。国家财政部发行的国债由于担保者权力大、信誉高，就会被市场认可，所以没有违约风险。但除此以外的公司和地方政府发行的债券就会或多或少地存有违约风险。因此，信用评级机构首先要对债券进行评价，以一定的数据反映其违约风险。通常意义下，如果评级机构认为某一债券的违约风险系数很高，就会要求债券的收益率适当提高，用更大的收益来弥补投资人可能承受的损失。违约风险通常是由债券发行方的主体信誉差或者经营状况低迷造成的，所以，不买质量差的债券就是避免违约风险的最直接也是最好的办法。在认购债券前，一定要对目标债券的发行公司做一个深入透彻的研究，根据这家公司以往债券本息偿付的情况和现在运作的情况决定是否买入。如果你想避免上面的种种担忧，国债就是最方便的一个选择了，投资人只要根据自己的能力去认购国债，就可以高枕无忧的等着收钱了。

购买力风险，是指通货膨胀影响购买力所造成的风险。通胀期间，票面利率再减去通货膨胀率才是能获得收益的利率。购买力遭到打击是债券投资中经常出现的状况，如果债券利率为12%，通货膨胀率为7%，则实际的收益率只有5%。实际上，在20世纪八九十年代我国发行的国债销路并不好，因为当时国民经济一直处于高通货膨胀的状态。分散投资是规避购买力风险最好的手段，投资分散化也就将投资人承受的风险分散了，用高收益来弥补可能经受的风险。一般会采用的方法是将一部分资金投资到股票、期货等收益较高的投资工具上，但带来的风险也随之增加。

经营风险不受投资者的影响，纯属是证券发行方管理不善所造成的。为了防范经营风险，购买债券前一定先要对发行债券的公司仔细调查，通过它过去和现在的运营情况和本息支付情况来预测这家公司的本息赔付能力和投资升值空间。由于国债的投资风险非常小但收益相对低，而公司债券的利率相对较高但投资风险随之提升，所以，需要在风险和收益之间做出权衡。

债券的利率风险是指由于债券利率的改变而对投资者资金造成的威胁。毋庸置疑，利率是影响债券价格的重要因素之一。利率提高，债券的价格就随之降低，反之利率降低，债券的价格就随之上升。通常认为，最安全的国债只是在违约方面不会承担风险，但它的价格依旧会随着市场大环境的利率的改变而变动的。要避免这种风险，投资者应采取分散债券的期限、长短期配合的方式来防范。利率下降,长期债券仍然能为投资者带来收益,如果利率上升,短期投资可以迅速获取利益。总之,还是那句老话:不要把所有的鸡蛋放在同一个篮子里。

变现能力风险,指投资者在需要金钱时无法及时以合理的价格卖掉债券的风险。假如投资者遭遇突发事件,想将手中的债券变现,但只有把价格降到很低或者要经过很长时间才能找到合适的买主,那么他不是遭受收益损失,就是在急需的时候无法使用资金而导致更大的损失。话说世事难料,所以投资者应尽量选择交易量大的债券,这种债券被更多人接受认同,可以在未知事件来临时及时抵御变现,冷门的债券最好不要选择。投资者也不要倾其所有投资债券,中途的转让无论如何都会给你带来或多或少的损失。

债券投资策略智囊库

债券的投资与钱有关,现在貌似能赚钱的学问都特别深奥,所以要掌握多方面的知识,了解最新动向,不断积累经验使自己能够用最保险的方法和工具赚到最多的钱。这些看似困难的投资其实也有着自己的规律,掌握好债券理财的技巧就能更快赚到钱,现在就让我们看看前人在不断摸索中积累到的债券投资经验吧。

国债可以说是债券投资中最稳妥的选择了,但也有专属它的方法和策略,我们把它们简单的分为积极型投资策略和消极型投资策略两种,看看每种投资策略的具体行使方法和收益,选择一个最适合自己的吧。

具体来说,在决定投资策略时,投资者应该考虑自身负债的状况与整体资产以及未来现金流的状况,以期达到安全性、收益性与流动性的最佳结合。投资者在进行投资前要对自己有一个清楚的定位,才能选择适合自己的投资方法，赚到更多的钱。消极型投资者通常的投资收益率较低，因为一般他们只愿花费很少的时间和精力管理他们的投资，而积极型投资者的投资收益率较高，他们愿意付出更多的时间和精力将投资更全面地掌控在自己手中。有一点必须明确，决定投资类型的关键是人们到底愿意花费多少时间和精力来管理自己的投资，而并不是投资金额的大小。其实很多人之所以选择债券，就是因为它稳妥安定，手续也不繁复，所以在债券投资者中消极型投资者占绝大部分。

那消极型投资者们应该怎么做才能在最方便快捷的前提下使自己的收益最大化呢？

消极型投资策略

在这里我们介绍几种简单的消极型国债投资策略的购买方法，并介绍几种建立在持有基础上的投资国债的技巧。

1. 认购持有策略是最常见的国债投资方法。首先对债券市场上的各种债券进行认真考察分析后，根据自己的需要和爱好，买进最适合的最划算的债券，并在到期兑付之日前一直持有。在购买债券后，单纯的等着国债到期，不进行任何其他的买卖行为。

2. 梯形投资法，又叫等期投资法，指在国债发行市场时间分段认购一批相同期限的债券，这种认购要坚持不能间断。这样，投资者在以后的不同时间里可以稳定地获得一笔本息收入。采用梯形投资方法的投资者只要坚持投入一段时间，就能在每年的固定时间中得到本金和利息，不必因急需用钱但无从周转而懊恼，还能持续得到固定的收益。在市场利率发生变化时，利用梯形投资法组合的市场价值也不会有很大的变动，国债组合的投资收益率也不会有很大的起伏。这种投资方法的交易每年只须进行一次,所以交易的成本会比较低。

3.三角投资法。首先要知道,不同国债规定的到期时间是有所差异的,而这些时间上的差异直接造成了利息的多少和偿还本金的时间,投资者通过分析选购就可以在同一时间内收获大量的资金。这种投资法的时间选择和期限是有序递减的,所以称作三角投资法。采用这种投资法不但收益固定,而且可以在确定的时间中得到巨大额度的收入,用来进行理想中的大额投资。

积极型投资策略——利率预测法

采用这种方法的投资者要具备丰富的债券投资经验、尽可能多的掌握与之有关的知识。积极型投资法能为投资者带来更多的收入,从而被投资者们追捧。而且现在债券市场中的利率经常会出现大浮动,所以就有越来越多的人愿意使用积极型投资法进行投资。

要执行利率预测法,首先投资者通过对利率仔细研究,获得未来一段时间内利率变化相对准确的预期,然后根据这种预期来调整手中持有的债券,期待利率按照自己预期变动的同时能够获得高于市场平均的收益率。因此,投资者对市场的认知和预测能力会对自己的收益产生直接影响。

1.利率预测已经成为积极型投资策略的核心,但也是最困难的部分。利率是宏观经济中一个非常重要的变量,它的变化受到很多方面因素的影响,而且这些影响因素对利率作用的大小、方向都难以准确的判断。利率的波动是市场资金供求关系变动的体现。在不同的经济发展阶段,市场利率有着不同的表现。利率除了会受到整个社会大环境的经济状况制约外,还受到货币政策、通货膨胀率和汇率变化等方面的影响。

目前我国的利率体系呈现一种多利率并存的格局,各个资金市场是分割的,资金在市场间的流动性受到的限制较大。在分析利率的走向时,要着重关注国债的整体利率、官方利率和同行业间的利率范围。

投资者对中央银行推行的货币政策和市场经济经过缜密调查分析后,就可以通过很多的结论来预测可能发生的利率变化了,但要注意选择时需保持头脑的清醒与冷静,然后根据自己的选择购买债券。

2.债券调整策略。市场利率将直接决定债券的投资收益率,所以在预测了市场利率的变化幅度和方向之后,投资者可以根据这些认知对持有的债券进行重新组合。这是与债券投资的收益率密切相关的,债券投资要求收益率会随着市场利率的升降而升降。通常在计算债券价格时,就可以直接用市场利率作为贴现率,对债券今后的现金流进行贴现。因此,我们可以对债券价格变化和市场利率变化间的关系做出准确判断,从而据此来调整持有的债券,重新调整债券的组合方式使其收入最大化。

通过预测来调整债券时要知道的是债券的利率与市场价格是呈反比的,所以当债券的市场利率下降时要买入债券,而当债券的市场价格下降时要卖出债券。

债券的价格变化与规定的利率之间也是有规律的:在市场利率变化相同的前提下,利率较低的债券会产生大的价格波动,因此,在债券期限相同的前提下,当预测到利率将会下跌时,应尽量持有票面利率低的债券,这些债券的价格可能上升幅度会大一些。周年期的债券不适用于这一规律。

如果发现市场利率下滑,就把手中期限短、利率高的债券卖出,转而买进期限长、利率低的债券,因为在利率下降幅度相同的情况下,这些债券的价格上升幅度较大,相反,道理依然。

利率预测法虽然能得到较高的收益,但投资者要时刻铭记,收益越高,承担的风险也就越大。一旦利率的变动方向与预测的不符,投资者就可能遭受很大的损失,因此,只对那些具有丰富操作经验、熟悉市场行情的人才适用。初入投资行业的人不适宜采用此种投资方法。

其他若干实用的积极型国债投资技巧

1. 逐次等额买进摊平法。如果所投资的某种国债价格具有较大的波动性,并且无法准确地预期波动的各个转折点,投资者可以运用逐次等额买进摊平法进行操作。逐次等额买进摊平法首先要确定一只想要购买的债券,然后观察市场动向,在观察期内可达到最大收益的时候,定量的买进这只债券,不要受它价格波动的影响,无论如何都要坚持购买,这样,投资者所投入的每百元平均成本就会低于债券市场的平均价格。每次投资时,要严格计划控制好投入资金的量,确保投资计划能够逐次等额进行。

2. 等级投资计划法。等级投资计划法在早期产生时是用在股票上的,它是最简单的公式投资计划法,方法是投资者先要按照一个固定的公式和计算方法判断出买入、卖出国债的价位,然后根据结果进行实时操作。它的操作要领是"低进高出",通俗的说就是在低价时买进、高价时卖出。

3. 金字塔式操作法。这是一种按倍数买进摊平法。投资者先选定自己看好的国债,然后拿出 10% 至 20% 的预投资金一次性买进这只债券,然后就是等待,等到这只债券的价格下跌时,开始加倍买进。把每次价格下跌期作为自己购买这只债券的期限,然后呈倍数购买,这样就可以使投资者手中低价购入的国债成倍地加大，所占的比重也不断增加，总的投入成本却随之降低了。在国债价格上升时如果也要用金字塔式操作法买进国债，则需要逐次减少买进的数量，保证最初在低价时买入的国债在总数中占有的比重较大。国债的抛出也同样可采用这种操作法，在已持有的国债价格不断上涨的同时将其成倍抛出，随着国债价格的不断上升，卖出的国债数额也不断增大，以保证高价卖出的国债在卖出国债总额中占较大比重，从而获得盈利的较大化。

第五节　房地产——保值资产投资的首选

一、购房防忽悠秘笈

在家庭经济能力允许的情况下，适当进行不动产投资是有很多积极作用的。它其实是一项能保值增值的强制性非银行储蓄，不仅有利于家庭财富的积累，每月固定的房贷也会一定程度上起到节制消费的作用。甚至往坏处想，如果30岁后的生活不如意，至少有个自己的房子也不用担心月月交房租。在某种程度上来说，一些投资性很强的小户型会成为未来一种个人经济保护。买房是大事，所以也要谨慎加谨慎，综合考虑

多方面条件,这些因素你不能不考虑:

选开发商

选房还是选口碑较好的、大一点的开发商放心,尤其是期房。一般来说,大开发商开发楼盘经验比较多,而且资金充足底子厚,最起码不用担心房子盖着盖着就烂尾了。更重要的是,大开发商比较看重信誉,它好不容易有规模了,肯定不希望砸在口碑手里以后不干了,所以相对来讲比较注重房屋的设计、质量等方面,好的开发商的房子物业都会选好的,而小开发商就吃不准了,说不定就是一锤子买卖,卷了钱就跑了,可真不放心。大开发商也有头疼的事,就是房子不愁卖,合同里面夹霸王条款,不签就别买! 所以买大开发商的房子要有忍辱负重的心理准备。

选房型

房型的好坏涉及到以后住的舒服不舒服,还有风水方面的问题,甭管是不是迷信,就图个心安。最重要的是,有的户型设计得不好、多个过道什么的,让你凭空多花不少钱。

选地段

最重要的是考虑你以后的生活圈。在看房前,最好先买一份地图,一家人商量好大概方位后,在地图上画出来,看房时就有方向了。这样既省时又省力。周围的配套也非常重要,要算算新家离你今后需要的配套设施的距离,比如正规医院、公交车站、学校、超市、市集等。

选房屋质量

房屋质量的重要性不说都知道,谁愿意花钱买罪受,所以看房子的时候一定要多看看,仔细验,如屋顶要注意水迹,可能是楼上漏水。闭水实验一定要做,暖气最好试水。当然如果买的期房,发现问题早点解决,否则耽误装修工期。

选还款方式

分为递减和等额,各有好处。贷款年限也不见得就是越短越好。最好自己去找个软件,算算各种还款方式,吃不穷、花不穷,算计不到就受穷。

最近关于买房的地产官司不断,常常有人轻信广告商的宣传而做出选择,到实际住房的时候又遇到种种意想不到的问题。广告真的可以相信么? 售楼广告又有哪些法律效力呢? 开发商如果不兑现曾经的承诺怎么办? 购房者又应该如何保护自己的权益呢?

甄别售楼广告

1. 有些开发商会将广告商许诺的种种写进合同里,作为签约的条款。

2. 广告宣传的内容都是些没有实质效力虚夸的语言,例如"温馨家园"、"美满居所"之类的广告语屡见不鲜,这只是为了吸引购买者的购买欲望而营造的文字游戏。

3. 广告宣传中标明出很实际的诱惑,如价格、户型、装修样子、配套设施和具体的入住时间或有保障值得信赖的物业公司等。

售楼广告合同维护权益

最高院《关于审理商品房买卖合同纠纷案件适用法律若干问题的

解释》第 3 条规定:商品房的销售广告和宣传资料为要约邀请,但是出卖人就商品房开发规划范围内的房屋及相关设施所作的说明和允诺具体确定,并对商品房买卖合同的订立以及房屋价格的确定有重大影响的,应当视为要约。该说明和允诺即使未载入商品房买卖合同,亦应当视为合同内容,当事人违反的,应当承担违约责任。

对商品房各组成部分和公用部分的使用功能和元件质量的承诺、对房屋共用部分的设施设备和装饰配件的承诺、对房屋周围关于绿化质量和公共设施的配备承诺、对购房者的优惠条件和附加礼品的承诺等都是"具体而明确的说明和允诺"的范围。

综上所述,开发商将广告商许诺的种种写进合同里作为签约条款的广告具有合同条款的约束力,一般不会发生纠纷。广告宣传的内容都是些没有实质效力的,是不具法律约束力的。但是广告中明确标注的房屋价格、平米数和物业公司的内容是"要约"行为,有法律约束力。

有些开发商耍小聪明,在广告上标明"广告宣传的内容无实质效力",以为这样就可以自己的意愿随意解释,其实这类文字在法律上也是没有任何效力的。

开发商应当承担的法律责任

根据《中华人民共和国合同法》第一百零七条规定:"一方不履行合同义务或者履行合同义务不符合约定的,应当承担继续履行、采取补救措施等违约责任"。如果售楼广告属于要约的,应当视为合同条款,则开发商必须按照广告中的承诺继续履行或者采取补救措施。

业主应当如何防范开发商的诡计

为了买房后不增加自己的麻烦,购买者最好要求开发商将售楼广告中的承诺写进合同,然后再签字交钱,这样在遇到开发商违反合同的时候就可以拿出相关的法律条文来对付他们了。如果开发商说不用写进合同中,口头承诺也可以的话,就可以用录音、录像的方式来记录作为凭证,到时真遇到麻烦纠纷也是一个很有效的证据。当然购房者要保存好售楼广告,白纸黑字写下的东西最重要。

二、购房资金巧打算

现在特流行一个"奴"字,貌似大家都变成了生活的奴隶,办信用卡的成了卡奴,买车的成了车奴,买房的也就成了房奴,养孩子的成了孩奴。每天就想着欠钱、欠钱,心理上受着这么大的压力,也就没什么生活乐趣而言了。

按消费比例来说,房贷现在几乎是家庭开销最大的一项了,房奴很多,国家房贷政策的执行和变动也就成了大家共同关注的目标。现在贷款买房已经成为一种趋势,所以向银行借钱时一定要先了解清楚,避免认识误区,少上当。

买房压力加上经济危机的不断蔓延,现在很多人想的是怎样省钱还贷,在冥思苦想中有很多人就钻了牛角尖,思想走进了极端。在说明一些购房误区的同时,我也要告诉大家,还贷要谨慎。

误区1. 中小银行真的比四大商业银行少还贷?

有句老话叫"店大欺客",很多人也是这样认为的,当然这店里面也包括了银行。多数人觉得四大国有商业银行只看重大的集团公司或 vip 客户,对普通散户不太重视,而且收费高服务差,贷款业务也不够灵活,还不如到中小型银行办理,省点钱还能享受舒心的服务。这种观点不能说是错,但也不全对。

中小型银行实力不强,资金不稳定,当他们账面富余的时候申请贷款当然会很方便,但如果中小银行的内存额度不够供应时,申请手续就变得很麻烦了,需要贷款者提供很多要求严格的申请材料,最后也许会拖延很长时间才放款。如果银行方面拖延的时间过长,也许还需要向卖房方支付违约金,羊毛出在羊身上,违约金当然由买房者来承担,如果不幸遇到这种情形,就只能自认倒霉了。相比这些不确定因素来说,四大银行有国家做后盾撑腰,手中握有大把的款项,根本不用担心是否会及时放款,它们贷款付款的程序和时间都会很稳定。

误区 2. 公积金贷款真的比商业贷款划算?

公积金是一种福利,所以它的利率比其他贷款低,但是因为商业竞争不断扩大,导致商业贷款的基准利率也在下调。如果购房贷款的金额不大的话,选择公积金也不一定能省钱。

如果首次置业时选择的是新房,开发商会根据购房者是用商业贷款还是用公积金贷款而给出不同的买房折扣,折扣价一出,哪一种更划算就得再盘算一下了。

如果首次置业选择的是二手房,基本上都可以享受利率下浮 30% 的优惠,这样算下来商业贷款虽然还是比公积金贷款利率高,但每一万元的月供也就高个 1 元多,差距还是很小的。

有的人会说,省一点是一点,我们现在算的就是这个账,贷款还款算完了,咱们再看看商业贷款和公积金贷款的保险费用支出方面。如果不是商用物业或太老的房子,银行不会要求买房人附加购买保险,但如果使用公积金的话,保险是一定要买的,保险费一般是贷款金额×贷款年限×0.02%,这样算来,两者的差距也许就互相抵消了。

而且从银行方面看,公积金贷款能带给银行的利润不高,所以银行办理业务时都不积极,而且在房管局方面需要的手续还很繁杂,地产商或者售楼公司收到钱的速度也比较慢,所以很多售楼方都不愿意接受公积金贷款。

选择合适的房贷还款法

还房贷是一个痛苦的过程,但是如果以正确的方式办理房贷,也许会为购房者以后的还款省下不少心力。

1. 年轻人适合用分阶段还款方式。刚刚参加工作的年轻人手上没有多少钱,利用分阶段性还款法可以有 3 到 5 年的宽限期,最初这几年每个月还几百元就可以了,宽限期过了,青年转入中年,也正是事业有成的时候,收入也有所提高,这时再进入正常的还款方式。

2. 收入稳定人群适合用等额本息还款法。这种收入法就是每个月还清按揭贷款的月平均数和利息。还款人每个月给银行还款的金额是固定的,如果你每月也有固定数目的收入,这种还款方式当然是再合适不过的了。

3. 高收入人群适合用等额本金还款方式。这种还款法简单的说就是越还越少,借款人可随还贷时间的增加而减少还款金额。它将充足的本金分摊到月供中,同时还可以付清每次的利息。这种还款法在开始的几个月或者几年压力会很大,因为月供金额要比等额本息高,但就是因为开始还得很多,到了后来就可以惬意的生活了,所以这种方式适合高收入人群,经济压力会与他们的收入成正比。

4.从事经营活动的人适合按季按月还息,一次性还本付息法。这种还款法是借款到期时一次性还清所有欠款和利息。对于企业或者个体经营者,在公司的前期运营上可以不为房子所累,赚了大钱还可以一次性还清房贷,真是再合适不过了。

5.转按揭。转按揭是指贷款银行帮助贷款人寻找担保公司来还贷款人的银行贷款,然后按这些还了的资金重新办理贷款业务的服务。如果银行给你的贷款利率不够高,但你之前已经盲目的选择了这家银行做贷款,你就可以用这种方式选择更划算、更适合自己的银行。

6.双周供省利息。双周供虽然还款频率有所提高,但是缩短了还款的整体周期,还款的速度快了,利息扣的也就随之减少。这样可以省下一大笔利息费用,对于收入和花费都相对稳定的人是很划算的。

7.提前还贷缩短期限。提前还清贷款,正如我们上面所说的,还贷时间短了,利息也就能省下来了。但是这其中还要计算一下得失,如果你已经还了规定年限中的一半,再做出提前还款的选择就没什么必要了。

8.公积金转账还贷。如果你目前的生活花费很多,手头的钱不够还贷的话,采用公积金还贷是很合适的,因为公积金贷款的利率普遍是比商业贷款利率低的,所以充分利用公积金抵消商业贷款,能很大程度的节省利息。

选择合适的银行产品

买东西要货比三家,还贷也一样,看看不同银行的还贷优惠政策,让自己得到最大的实惠吧。

1.渣打活利贷是一种提前还贷的方法,你只要把手里闲置的资金存进还款账户就可以了，提前存入资金代表着提前还款，抵扣了本金，不但可以缩短还款期限，还可以省下不少利息的花费。

利用这种还贷方法贷款 100 万元，如果每月多还 3000 元，总体算下来就可以省下将近 60 万元的利息，还款的年份也随之缩减，提前的辛苦也会给你带来更多享受的时间。

2. 深圳发展银行存抵贷，这其实也是提前还款的一种，把手上的闲散资金先存进还款账户里，与渣打银行不同的是，这些钱不单一的用作抵偿本金，而是会分出一部分作为提前还贷。这样节省出的利息再被打回账户中。

3. 建行的存贷通。把贷款通增值账户设为还款账户，将手上的闲散资金不定期存入账户中去，银行会把其中一定比例的资金视为提前还款的资金。如果你急需用钱，当然还可以再把这些钱取出，也可以就这样放在银行，抵充贷款金额。

4. 装修贷款还商贷

很多人在买房时都会选好最适合自己的还贷方式和银行优惠政策，可真到还款的时候却发现自己手里的钱怎么都不够还款使用。拖欠贷款代价是非常大的，面对自己在还贷方面真的无能为力时又该怎么办呢？

其实现在银行有种形象的还贷方式叫做"曲线减负"，比如可以通过公积金装修贷款换商业房贷。这样下来，会享受较多的利率优惠，而且如果购买的是城乡结合部的小户型，总房价不高还贷金额相对少一些的话还很有可能一次性还清房贷。

我们这里只是笼统的提一提，因为公积金装修款用于还贷的方式，在相关的法律法规上都没有明确的违反还是支持的看法，所以这里只做提点以备您的不时之需。

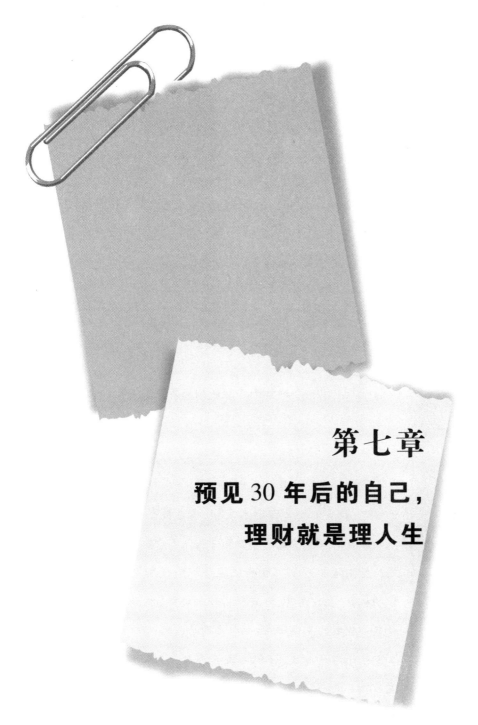

第七章

预见30年后的自己，理财就是理人生

理财其实也就是理人生，它是一种人生的规划，教我们要合理利用金钱，尽量使个人或家庭的财务情况处于最佳平衡状态，从而改善生活的质量。准确把握每一个钱生钱的机会，合理消费、好好利用每一块钱，才是我们理财的关键所在，理财真的与我们的实际生活息息相关，任何人都会遇到，它不是有钱人的专利。

第一节　做命运的推手，人生早规划

一、你的人生有规划吗？

  人们一直以来对理财存在认识上的误区。有的人认为理财不就是跟钱有关的投资、赚钱嘛，有的人则宣称理财不是一般人都能理的，那基本是有钱人的事儿，刚毕业的学生或者进城农民工现在挣钱都不多，刚刚解决温饱问题，收入低而且不稳定，没有什么积蓄，根本谈不上理财。这些人都把理财看得过于狭隘了。理财其实也就是理人生，它是一种人生的规划，教我们要合理利用金钱，尽量使个人或家庭的财务情况处于最佳平衡状态，从而改善生活的质量。准确把握每一个钱生钱的机会，合理消费好利用好每一块钱，才是我们理财的关键所在，理财真的与我们的实际生活息息相关，任何人都会遇到，它不是有钱人的专利。要通过理财做好对我们的人生规划，对未来生活的安排。而用聪明的大脑为自己的预期目标设置一个时间表，做一个计划，就是为人生设立里程碑了。

  每个人都会有一个萦绕在心头并为之努力的梦想，却可能没有所谓的规划，你可以有一个梦想成为李彦宏那样的 IT 成功人士，也梦想周游世界，在地球的每个角落都留下身影，甚至梦想成为世界首富等等，为了实现梦想，你可能在心里有个大概的预想和途径来考虑如何实现，但人生其实却很难规划，我们无法把这些梦想给规划出来。所以，给自己一个美好的梦想吧，有了人生梦想，将给我们的生活增加巨大的激情动力。同时，梦想是做具体规划的基础，有了梦想才有目标，从某种意义上说所谓十年规划甚至三十年规划也就是为了实现我们心中的梦想。

人生规划首先要找到我们生命的梦想！人生梦想范围很广，可以天马行空包含生活、情感、事业、家庭等各个方面，其实不难找到梦想，前提是不要羞于想象，一定要给自己空想的机会，这可能是走向成功的根基。如果瞎想没有头绪可以拿起笔写下问题以及与问题相关的答案，还有为达到目标需要和能够做的事情。写完之后再看看你写的东西对于你来说真的像想象中那样重要吗？可能会发现有些东西并不重要而有些重要的东西却忽视了。如果是第一次做人生梦想设计，最好每周规划一次，一个月规划四次，尽量避免漏掉一些重要的东西，为了更好的设置梦想，梦想要有一定的实际性，所以每年年底再回头进行审视是必须的。

为自己做一个最切实可行的十年规划，它是整个人生规划的重要部分，不像梦想提供的是一个概念性的比较虚幻的东西，它与我们现在的生活距离很近，密切相关，甚至看得见摸得着，需要我们一步一个脚印踏踏实实往前走。如何做一个有实际意义的可执行的十年规划呢？首先要分解人生梦想，写下所有认为可能对实现梦想有帮助的资源、行动、小目标等。把梦想按实现的先后顺序和现实条件理出框架，重新组合成为十年规划的目标，就可以比较清楚地看到要实现梦想需要经过的大致途径，甚至可想象十年后要做到怎样的地步才会对梦想的实现有较大帮助！然后分解已经设计的十年规划，一直分解到每一个现在就可以做的、可操作的小目标。

下面还要做一件事，那就是把十年规划继续调整压缩到五年，成为"五年规划"。五年时间不长，一转眼就过去了，我们会知道接下来的五年里每一年要达到怎样的成果才能实现目标。有人不习惯压力太大，可以剔除一些不重要的目标，抓大放小，否则时间肯定不够用。

人生的每个阶段都有不同的事情需要处理需要完成，最起码对于要做什么事得有个概念，知道自己要做什么能做什么。浑浑噩噩是一辈子，活出精彩也是一辈子，那么何不活得漂漂亮亮呢？对于不同年龄的你，下面提示你一下该做点什么吧。

20岁以前大部分人的生活是升学读书完成基本教育，为自己将来的生活和事业打基础。所不同的是，有的人读书条件比较好，有的人可能差一些，不过读书最好能一鼓作气，在生命最好的时候完成基本理论的积累，能读到博士就别在硕士阶段停下，这样就站在了巨人的肩膀上，以后可以少走许多弯路。一旦踏入社会再想有心进修，或许有很多渠道，但是生活上的、工作上的羁绊也很多。而且年龄大了，可能不敢肯定以现在的条件、经历再去花钱花时间深造是否值得。学历有时候就是个敲门砖，如果你这一辈子就想当个上班族，学历可能是很重要的，否则，时间可能比学历更重要。

20—25岁，要开始为自己的未来做规划，是升学还是就业，要一份怎么样的感情等。父母能为我们安排的很少了，对人生的主控权到了自己手中。这时候要懂得掌握规划自己的人生未来，学会处理人际关系，多历练，多认识一些靠谱的朋友，若干年后他们将是各行业的顶梁柱，或许对你有帮助。

第七章　预见30年后的自己，理财就是理人生

25—30岁，这时候是人生美好的时候，也是开始发力的时候，人生重心应是工作价值和薪资待遇。为了自我的快速成长，生活像海绵一样使劲吸收却也甘心被压榨。唯有努力的付出，积极的争取，才会冲出属于自己的一片天空。没有经验，资源不多，所以我们可以不怕挫折，跌倒再爬起来，学会累积经验，把握机会，多交往良师益友，他们的提携将是帮助你成长的大利器。

30—35岁，三十而立，此时大部分人可能已经成家立业了，所以重心应该以事业和家庭为取向。此时的我们，已经是职场的"老油条"，经验比较丰富，工作内容应该有所提升，是该从体力劳动转换为脑力劳动的时候了。要学习判断并掌握机会，不能再有尝试错误的心态，因为可能输不起了。目光放长远些，看到远景而非现状，要面对的是更广阔的人生。大后方家庭应该是最大的情感家园和精神支柱。人的本业就是经营自己的家庭，赚钱的目的就是希望让家人过上幸福的生活，所以不要忽略亲爱的父母妻儿。一个连家庭都一团糟的人，纵使富甲天下，他得到的只是空虚，在看似圆满的人生轨迹中永远有缺口。

35—40岁，四十就开始不惑了，到了这个年龄已经看透了很多东西。工作赚钱也将退居二线，它对很多人来说只是一种生活方式。更重要的是要关注他人，关注世界，目光转为对别人的责任。记得多为别人做些什么，给人希望，这会影响你的成就，记得做一个有影响的人，而不是被影响的人。什么都是浮云，不管眼前多风光，多么功成名就，你是否可以预见未来，画出十年后的自己？

二、恰当的时间做重要的事

UCWEB董事长雷军曾这样说：不少成功者都发表过这样的感言：

成功,20%靠的是努力,80%靠的是运气。从万千失败者中间突围爬出来的成功者,大部分人觉得自己成功的最大因素不是勤奋或者聪明,而是归结为运气。什么是运气呢?古语说的好:天时、地利、人和。运气其实就是天时,也就是在正确的时间做了合适的事情。什么是正确的事情比较容易判断,什么时间做却无从下手,直到多年过去再回头看的时候,才明白最佳的时间在什么时候。对于创业来说,运气就是在最好的时机选对了一个最适合自己的创业方向,"撞"对了时间点,从而生出成功的火花。

无论是公司老总、高层管理,还是员工,做事一般都有这两种境界:一种是把手头的事情做对了,一种是选择做正确的事情。"把手头的事情做对了"是将关注的重点从方向引向过程,强调做事方法要符合情况,事半功倍,符合原则。"做对的事情"则要把握大方向,是策略问题,做事之前要仔细分析考虑,分析判别,理清来龙去脉,清楚利弊,着眼长远,找出关键点。

有这样一个故事:唐朝时候,长安城的一家磨坊店里有一头驴和一匹马。它们是好朋友,后来,马被玄奘选中跟随到西天取经。取经成功后马驮着佛经回到长安城,回到磨坊看望毛驴。谈起取经过程中的奇闻异事和特别风光,驴子从来没听过更没见过,大为羡慕,惊叹得说:"真丰富的见闻呀,那么遥远危险的路和经历,我想都不敢想。"大马笑笑说:"其实我们这几年走过的距离是差不多的,在我往西域进发的时候,你也一步没闲着,在拉磨呀。我们都在不停的走,不同的是,我跟着取经队伍始终如一的朝着一个目标前进,所以我们能看到外面世界的精彩。而你一直就围着磨盘转来转去,看的东西有限,所以没走出磨房这个狭隘的空间。"

第七章 预见30年后的自己,理财就是理人生在办公室有一类职员叫穷忙族，他们每天都特别忙，恨不得把事情都塞到有限的时间里，却没有时间也懒得思考，他们只关注"to do list"，最后过几年还是个普通职员，一事无成。这是个恶性循环，从中摆脱出来才是关键，也就是理顺待办事情，用对的方法，在对的时间做对的事情，调整优先顺序，善用加减法，先做最关键最重要的事情。

清楚不要做什么比知道要做什么更重要。提升自我、建立自信最有效的方法是在有限的时间做重要的事，直到获得成功。每年年初，就给自己做个计划，列出今年必须完成的重要事情，然后根据实际情况再删除最不切实际或者可掠过的几项，力争专注在正确的时间做好最重要的事情。所以有时忙碌不是真的事情有那么多，而是大脑偷懒的一种表现，因为你懒得思考，分析目标，做起事来毫无头绪，眉毛胡子一把抓，给人的印象看起来整天不停地勤奋工作，其实都是盲目地工作，最后发现花了好多时间耗了精力去完成一件毫无意义的事情，这才是最大的没效率，和偷懒没什么区别。

因此，磨刀不误砍柴工，要尽量在行动之前花点时间去思考一下，不要偷懒，在行进过程中进行定期或不定期检查完成情况，再根据需要去调整甚至更改接下来的前进方案，这样的忙碌才是清醒的。因为是清醒的，其努力也能够达到事半功倍的效果。

不管是工作还是日常生活，我们需要抓重点，分清轻重缓急，合理有效地管理安排时间，将方方面面都合理排列组合，按重要和紧急程度设置计划就容易完成并获取成功。

三、努力开拓第二职业

其实体力劳动不会消耗我们的下半生，但却可能使我们在中年时期就产生精神上的疲倦，形成"看起来还处于工作状态，实际上已处于退休状态"的疲劳的工作状态。其实，每个人都会发生变化，随着个人需求和个人视角的不断变化，我们也就需要不断"重塑自我"。人们往往对自己人生前半部分准备得过度充分，在不断进行教育的过程中开始自己的职业生涯。所以很少有人对于自己的后半生进行计划，即使有也只是财物方面的建议与计划。而社会上也存在这样一些人，这些人能够成功地管理自己的后半生，这些人就被我们称作"社会的精英"。

现在有一种流行的工作，即"第二职业"，通过"第二职业"，人们可以进一步激发自己其他方面的能力，也有些人是因为在自己的本职工作中缺乏晋升更高职位的机会转而投向"第二职业"的怀抱。但这一名词的存在更加重要的意义在于：你可以与那些拥有不同思维和能力的人一起工作，这会使你的思维方式更加新鲜，观察更加敏锐，通过这些方式的提升，你也能够更加深刻地理解他人。

第二节　最大的投资是自己，
开启人生崭新旅程

随着经济全球化的进一步加深，通货膨胀也如潮水般涌来，如何应对通货膨胀也就成了大家都关心的问题。全社会都在思考如何合理地分配资产,在面对股票、黄金、白银等各种投资方式时做出什么样的选择? 对于普通人来说,能够用于理财的资金自然不会太多,而这时候我们就不应该去考虑如何用这种方式投资,而需要我们用另一种眼光,另一种思维方式来应对通货膨胀,这就是自我投资,即通过学习充电来不断提升自己的人力资源能力。众所周知,中国的人口红利即将衰退,由此,人力资源的成本也将大大提升,与此同时,社会对于人才的需求也将进入高素质人才需求阶段,高素质的人才愈发吃香,他们的工资增幅也会不断提升。就像一句话所说,21世纪最缺的是什么? 人才。只要你是人才,就不怕拿不到高薪;只要你是人才,就不怕自我投资的回报率会低于黄金、股票等各种投资。

一、投资自己准没错

人生如白驹过隙,趁着我们还年轻,这时候就应该尽早好好地为自己投资。有人选择投资股票市场,但是即使遇上一路彪红的大牛市,资产翻了三番,赚个一二十万就会陶醉数年,但随之而来的必然是熊市,那种煎熬的滋味想必很多人都是心有余悸。但是在旺盛的青春阶段,只需两三年的加仓期就可以受益一生。一次突发的灵感、一段才华横溢的岁月,对于我们来说可是不会停留太久的,所以缘何不好好把握呢?

我的一个哥们儿,最近两三年一直忙着搞摄影,创作各种类型的文学作品,如果攒了银子就拿去买单反相机,空闲时间就去旅游探险,朋友们都笑他无所事事,生活过的过于潇洒,但是这两三年的锻炼却使他的摄影技术不断提升,写作能力也可谓是炉火纯青。超乎预料地,国外一家媒体看中了他,邀请他做驻北京站的记者,起薪8000元,每年的工资还有百分之十五的涨幅。这样计算，三年之后他的身价就会翻一番，几年之后更是难以预料了。

投资自己，是一项很富挑战性的活动，但是它也是一项很好玩的理财行为，你何不尝试一把？其实股市中所谓的最佳潜力股就是我们自己。如果我们向世界隐藏自己的秘密，世界也会像我们对待他那样对待我们，反之，如果我们向世界袒露自己的秘密，世界也不会对我们有丝毫保留。不在自己的里面寻找自己，就像我们在屋子里面弄丢了东西跑到屋子外面去寻找这件东西一样，如何才能够找得到呢？如果你真的爱自己，那就去投资自己吧，而不是牺牲自己的所有去投资一项不知未来的项目，这种投资的结果也许只能是牺牲。只有懂得不断自我投资，才能够在获利时享受到意想不到的甜美果实。我一直相信，成长是一种希望，而只有通过自我投资，才能够不断获得成长。

投资自己尤其适用于女人，女人天生就是守财一族，虽然说赚钱容易守钱难，但是在学会守财的同时，我们女人也要学会花钱，这就需要引入一个概念——理财。理财是一种新的生活观念，是对自己的一个投资，说白了理财并不是一件难事，万事开头难，最重要的是第一步，也就是说钱一定要花在刀刃上。

现今社会，女人和男人一样有压力，随着食品安全的不断下降，女性患病的几率逐年上升，同时医院看病也愈来愈贵，生一次病就要花费大量的医疗费用，与其这样，不如从日常生活中注意保养，不让自己生病。所以女同胞们，为了自己健康，每天上网的时候多摇几下脖子吧，更不能长时间盯着电脑屏幕，如果累了就去倒杯白开水，白开水是最优质的排毒工具，它可以加速体内循环，促进新陈代谢，也能够有效地防止和治疗便秘，有着很好的美容功效，不管你是否口渴，都要保持多喝水的良好

习惯。

有的女性喜欢打扮，她们追求时尚流行，希望永远走在时尚的最前沿，固然，素颜是比不上装扮过后的娇艳，装扮的确能够使自己在人际交往和工作中增色不少，但是，你可不能忘了，女人最大的魅力来自于内涵，我们通过外表所展示的是一个表象的东西，而内在的涵养和学识则是外表的装扮所无法媲美的。所以，女性朋友们，空余闲暇多看看书吧，在书的陪伴下入睡，你一定会觉得更加踏实的。其实，看书的过程是一个不断吸取知识，不断充实自我，提高自身能力的过程，不论什么书都有一定的可读性，所以我们不能小看阅读的价值，即使每天只读一点点，日积月累，我们也会从每天一点点的阅读中获得外表装扮所获得不了的东西。

与此同时，我们还要不断地提高自己的业务水平。生活在这样一个知识爆炸的年代里，学历和技能是同等重要的，通过各种方式为自己创造机会学习，是非常必要的。所以对于职业女性来说，除了做好自己的本职工作，还需要不断地在自己的工作领域勇于开拓创新，努力参加各种课外补习班和各种职业能力培训，也许这些学习看似枯燥，但是有了这些别人所没有的砝码，我们才能够在职场无往不胜。

女人的幸福指数决定了她的价值，所以积极的投资自己就是一个稳健的理财方式，未来无人能够预料，但是努力地完善当下的自我，就是我们现在所能做出的最好的努力，就像一条广告语所说的："你不理财，财不理你"。只有通过合理的人生规划，细节方面的培养，我们才能够拥有积极健康的人生。你要相信，财富一定会和你相遇，不论是物质上的还是精神上的，而最有效最保险的方法就是投资自己，在获得这些财富之前，我们必须积极向上，乐观开朗，只有这样，才能够获得你所需要的各种财富。

二、提升素质从点滴做起

某杂志给出了几个提升自己的建议,在这里与你共勉:

1. 不要丢弃学生时代所学的东西。

很多人会说:"大学里学的东西,对现在的工作没有一点点的用处。"真的是这样吗? 如果因此将大学所学的东西全部扔掉,那是很可惜的。没有人能够保证自己一辈子只做一种类型的工作,所以只有一直在学生时代所学上用功,转职的时候,你才能够有更多的竞争力,你才能够有更多的选择机会。

2. 多角度阅读

现今职业有更加细分化的趋势,工作也变得越来越专业化了,所以人们需要更加深入地学习专业知识,但是这也带来了另一种不良的现象,很多人除了自己的专业知识以外,其他一无所知,面对激烈的竞争时,很多人往往竭尽所能而无所得,所以我们需要多角度地学习,只有这样才能够在现今社会脱颖而出。

3. 每周给自己一个新的挑战

心理学显示,新款式服装和新的房间摆设,会带给人新的刺激,特别是对于年轻人,推陈出新很重要,如果长期处于相似的环境,年轻人就会加速衰老,所以我们需要不断冒险,不如每周给自己一个新的冒险,让自

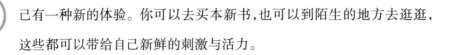

已有一种新的体验。你可以去买本新书,也可以到陌生的地方去逛逛,这些都可以带给自己新鲜的刺激与活力。

4. 关注热门商品,思考其畅销的理由。

我们这一代,是用电视机喂大的一代,因此我们也是社会敏感度普遍缺失的一代,对于社会变迁,我们存在着钝于先人的缺陷,同时也造成了我们的早期老化,但是现代社会的变迁速度是惊人的,如果不跟上社会潮流,就只能被他淘汰,所以对于那些紧跟社会潮流的畅销产品,我们应该去思考他畅销的原因,即使不购买,也应该关注,公司当然不是图书馆,如果只是希望在办公桌前虚度此生,就不如早早回去养老,所以多去接触接触热门的商品吧。

5. 假期去热闹场所感觉时代脉搏

据统计,"看电视"已经成了上班一族主要的休闲娱乐方式。其已在所有的娱乐方式中占了五成以上,而"睡大觉"这种娱乐休闲方式也占了三成。虽然说辛苦工作一周后,适当的休息是必要的,但是我们应该也注重一下休闲生活的质量。不如趁休假时到百货公司、音乐厅这些场所去放松自己,在放松身心的同时,也能够接触形形色色的人物,又能够给你的新商品构想提供源泉,何乐而不为呢?

6. 利用上下班时间做"定点观察"。

对于公交车族、地铁族来说,充分利用上下班时间也是一门高远的学问。大部分的人可能选择发呆或打盹,还有很多人只能在拥挤的车厢中不停地抱怨,这样到公司之后早已筋疲力尽,还哪有心思工作呢,其实,我们只要花一点小小的心思,就能够很好地运用上下班这段时间。每天相同的路线,看似枯燥,刚好可以让我们做定点观察,这样很容易察觉到一个地方的改变。

7.周末阅读一周的报纸

吸收情报的一个重要方式就是报纸,它丰富的实时性消息会给我们以很大的帮助,但每天的少量的阅读,只会让我们获取"点"的信息。如果想上升到"面"的层次,就需要大量的阅读,这时候,我们就可以利用周末来翻阅本周的报纸,一周的信息足以让我们了解各种事件的来龙去脉。

8.财经类新闻不是唯一的选择

财经类新闻对于上班族是重点的项目,但是只是获取此类信息,我们的视野会过于狭窄,所以我们需要阅读各种各样的报道,这对于提高自己的新闻敏感度也是很有好处的。翻翻体育、文艺版面吧,这里也许会有很多有利的情报呢!

9.周周一本书

良好的阅读习惯,可以使我们在丰富多彩的情报中获得急需的信息。古典文学、世界名著等非功利性书籍,看似和工作毫不相干,却能不断扩大我们的视野,为我们形成良好的习惯,在我们人格的丰富上很有好处。

10.接触不同领域的人

大体上来说,我们更喜欢接触那些和我们有共同话题的人,但事实上，接触不同领域的人，了解各行各业的甘苦和工作状况，是培养情报搜集能力的绝好机会，同时也是增长见闻，开拓视野的一大方式。而这些对于刚加入工作的人来说是相当重要的。

11. 至少熟练掌握一门外语。

有句话说：学好英语，走遍天下。虽然有些夸张，但是至少说明多掌握一门语言就多了一份技能。有些上班族自毕业之后就和学习说再见了，尤其是语言学习更很少纳上日程，如果不是在非国际性的公司上班或其他工作需要，可能连学校学的那点外语都忘得干干净净了，疏于外语的进修。不过就未来的发展而言，全球化是一种趋势，有能力和前途的企业肯定会朝向国际化方向发展，尤其在大城市，不会外语就会白白丧失很多机会，所以还不如趁年轻储备实力，等到三四十岁再学习，学得吃力，还耗费精力，竞争力也不强。

12. 适当放松，定时给自己一个独处时间。

上班认真固然值得嘉奖，不过每天埋头工作做工作狂也是很恐怖的，甚至可是会出现危机！天天沉浸在复杂的工作压力中，是否曾停下来休息一下，梳理近段时间的工作内容、人际关系、家庭关系等问题呢？习惯忙碌可能会让你错过很多好的风景，而且生活变得盲目，所以定期把自己从工作解放出来，给自己一个独处的时间沉淀心灵。

13. 适当多为自己投资。

不要光想着怎么挣钱、花钱。对于年轻的上班族来说，以金钱的累积为主要目标的工作固然重要，但是别忘了投资自己。年轻时候最需要累积的或许是知识、智慧和人际关系等无形财富,只有这样才能厚积薄发,创造人生最大的财富。所以,要适当增加进修或出游等增长见闻的投资。

15. 多看报,勤读书。

俗话说,技不压身。有时候你会发现以前浏览过的某个信息在工作上突然有很大帮助。所以平时要多读书注意积累,最好对经典书籍能够认真阅读,在需要时能立即取得,才能不至于"书到用时方恨少"。

第三节　创业做自己的老板,你准备好了吗?

一、你有创业潜质吗?

创业难吗? 难,万事开头难,尤其是开始很困难。但是不创业,可能要困难一生。其实财富无处不在,包子、馒头、玉米面、豆制品,都是非常不起眼,普遍存在于身边的事物,都可以作为创业起步的选择。创业其实是件很平常的事情,说到头都是为了生活,或者为了更好的生活。

无论是刚刚走出校门的年轻人,还是已经在社会上为他人的事业奋

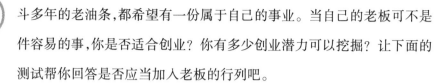

斗多年的老油条,都希望有一份属于自己的事业。当自己的老板可不是件容易的事,你是否适合创业?你有多少创业潜力可以挖掘?让下面的测试帮你回答是否应当加入老板的行列吧。

1. 你是否曾为了某个理想而设置一个长年的计划,并按部就班进行直到实现目标?

2. 在家庭和学校生活中,你能否在没有父母或师长的督促下,就可以主动地完成作业或工作?

3. 你是否喜欢通过自己的能力在没有别人帮助的情况下独立去完成某件事?

4. 当与朋友一起时,遇到需要决策的时候人家通常是否会更愿意听从你的意见,或者在选举中你经常被推任为领导者?

5. 求学时期,你有没有兼职赚钱的经验?或者你是否有储蓄的习惯?

6. 你是否能够专注地投入在有兴趣的事情上连续十小时以上?

7. 你是否能把认为重要的资料文件都保存下来,而且分类整理,有需要的时候可以很快的准确知道自己要抽取哪个文件夹?

8. 在平时生活中,你是否热衷于义工、公益活动等服务工作?你会主动关心别人的需要吗?

9. 不管成绩如何,你是否喜欢艺术、音乐、体育等活动课程?

10. 在上学的时候是否带动所有同学去参加学校组织的各种晚会或者比赛?

11. 在比赛时总是奋勇争先,出人一头?

12. 当你为别人工作时,如果发现对方管理方式不当,你是否会想出更适当的管理方式并建议他改进?

13. 在你想得到别人的帮助时,总是可以自信满满的提出要求,并且可以顺利得到他人的帮助?

14. 当你需要经济上的资助时,是否总是会有人愿意主动帮助你?在进行义卖或者召集捐款时会表现的落落大方,不会觉得害羞吗?

15. 当你要完成一项重要的工作时,是否总是预留给自己足够时间仔细完成,而绝不会浪费时间,在匆忙中草率完成?

16. 参加聚会时,你是否准时赴约? 在平时生活中,你是否能充分利用时间?

17. 你是否有能力安排一个合适的环境,使你不受干扰,更有效率地专心工作?

18. 在你交往的朋友中,是否有许多有智慧、有眼光、有远见、有成就、老成稳重型的人物?

19. 你在学校社团或社区等团体中受大家的欢迎和喜爱么?

20. 你自认为是个理财好手吗? 当储蓄到一定数额时,你是否能想出好的生财计划,让很少的资金滋生出更多的利润来?

21. 你愿意为了金钱辛苦工作吗? 钱对你来说重要吗? 你是否可以为了赚钱而牺牲个人的娱乐?

22. 你对自己应该完成的工作有足够的责任感吗? 你是否总是独自挑重担,愿意彻底了解工作目标并认真执行工作?

23. 你在工作时,是否有足够的耐力与恒心?

24. 你是否能在很短的时间内,交到许多新的朋友? 你是否能使新朋友对你留下很深刻的印象?

以上答案答[是]得 1 分,答[否]得 0 分,请统计你所得的分数,并参照下列答案。

00～05 分 你目前的情况并不适合创业，应当在为别人工作的同时训练自己的技术与专业。

06～10 分 你需要在过来人的指导下去创业，才有成功的机会。

11～15 分 你非常适合自己创业，但是在你选中的否定答案中，必须先分析出自己的问题并加以纠正。

16～20 分 你个性中的特质，足以帮助使你从小的事业慢慢开始，并从中获得经验和教训，成为成功的创业者。

21～25 分 你天生就是个自主创业的料，掌握时机，大干一场吧。

这当然只是一个仅供参考的测试游戏，不过如果你测出的分数太低又有创业的打算，可就要检讨一下自己，开始为定下的计划而努力了。

二、创业，你有料么？

其实创业，谁都可以做到。

少年人有激情。如苹果电脑公司的老板斯蒂芬·乔布斯在斯坦福大学校庆的演讲中所说的："如果你现在不退学办公司，10 年后你可能会拿着 50 万美元的年薪在你那早退学创业的同学公司里上班。"年轻人不怕失败。相信千金散尽还复来。可以无牵无挂的去闯荡江湖。例如立顿红茶的创始人老立顿爵士，18 岁只带着 50 英镑独闯美国，然后闯荡欧洲，从英国、法国一直到锡兰，20 多岁便创下"世界第一茶叶公司"的名号，真是自古英雄出少年。

但是创业又不是那么简单的，得充分做好心理准备，有正确的创业态度、风险担当能力和心理准备，更重要的是，机会总是留给准备好了的人，为了创业成功，我们要做很多铺垫工作，整合我们手头所有有形无形的各种资源。总而言之,创业有风险,入行需谨慎。不着急,先多为自己准备点料儿吧。

多积累知识资源

知识就是财富,是被人利用的一种信息,用来改变人的行为。虽说离开了信息,人也无法获得知识,但它不能独立存在于众多信息之中,也表现不出对信息的存储和提取的能力,它只能在人需要信息运用信息时体现和产生出来。总之,只有人可以掌握知识,信息是转化为知识的基础。

信息本身没什么意义,是随着人所赋予的价值而表现出来的,而且人们在不断更新自我意识的同时,固态信息的价值也是被动更改的。拿我们之前讲的股票为例,如果大家都观察发现一只股票升值的空间大,就会有很多人购买,买的人多了,自然会带动增值,由此价格也不断上涨。人和知识是不能分离的,它只存在于人的实践过程中,而信息却可以独立的存在。知识是动态的,它只有被人运用时才能体现出自己的价值,并可能在相互的交流中发生改变,从而创造出新知识。信息是静态的,它无需人们运用与交流也照样能存在,比如书面广告,看似静态的,但它本身却包含着许多信息,但我们却不能说它本身具有知识。

随着人们对信息和知识理解的日益深刻,过分强调技术的人对知识管理阐释的局限性也就充分暴露出来。简单来说,知识管理从结构上可分为:信息管理和人力资源的管理。其中信息管理包含:网络通信、高性能计算机服务器和数据库系统、信息库。数据库、信息库系统层是信息管理最为重要的部分。

知识管理作为一种新的管理体系,虽然还不很成熟,但在市场一体化、全球化的将来，在即将来临的知识经济时代，它必定是企业最重要的管理内容和管理工具，如果不掌握它就必将被时代淘汰。

多掌握技术资源

技术是创业的关键，它决定创业需要投入资金的数额、创业产品在市场中的生存能力和能够带来的利润程度。鼎鼎大名的美国微软公司，创业初期的资产都非常有限，也没有大量的人力支持，它们之所以能达到现在这种运营水平，就是因为他们拥有雄厚的技术资源。所以，企业创业成功的关键是首先要获得好的技术。

掌握关键的创业技术原因有三：一是技术是决定创业产品的获利能力和市场竞争力的根本因素；二是创业技术是否是核心技术决定了所需创业资本的大小。对于在技术上没有根本创新的企业来说，创业资本只要保持很小的规模就可以维持企业的正常运营。三是从创业阶段上看，由于创业初期企业规模较小，因此管理和对人才的需求量不像成长期那样高，创业企业家的素质和意识是初期最关键的人才和管理资源。

把企业做成功的核心是要有好的产品，而企业的产品最重要的是必须做到专业化，要做到产品在同一领域内最专，技术上要一直领先。一个企业，尤其是中小型企业并没有实力一直保持技术优势，那么中小企业该如何突破技术这个发展瓶颈呢？在这时企业就必须整合外部的技术资源，尽可能地与有技术前沿人才的科学研究院或者大专院校合作，而且那些人也很愿意把自己的技术转化为产品，看到自己的研究成果。

人才资源是技术资源的支柱力量。技术资源的整合不单单针对企业内部,还要重视聚拢企业外部资源。整合技术资源的根本目的是技术的提升,使企业一直占据在行业技术开发的前沿。

多积累人际资源

在国外做生意,制度比较透明,讲究"合同信用",往往可以和对方连面都不见,通过传真和电子邮件就可谈成。但在国内公司就行不通,中国是一个人情社会,人际资源很重要,更相信人际信用。在生意洽谈过程中,如果和对方处成朋友,买卖才好继续谈并容易成功。可是想要与合作伙伴处成朋友就要有太多的应酬,吃饭、唱歌会耗费很多的时间和精力。

1. 同学资源

同学资源是创业者人际资源中最为重要的,也可能是最靠得住的关系,看看人人网有多红就知道了。现在社会上同学会火热,同一所大学就会有各种各样不下几十个的同学会。到北大、清华、人大等校园中去走走看看,就会发现有很多看上去不像学生的人在里面穿梭。其中有许多人是专门花钱从全国各地来进修的。学知识是一个方面,交朋友才是更重要的原因。尤其是那些金融性质的成年班,拓广人际确实比掌握知识更重要,有很多人报班的目的就是为了拓展自己的人际交往圈。一些学校在招生简章上也会明白地告诉对方,拥有本学校的同学资源,将是你一生最宝贵的财富。

同学之间因为接触时间长而比较密切,彼此比较了解,同时因为少年时不存在利益关系,情谊更加醇厚,大多数都是从五湖四海走到一起,彼此存在的利害冲突也不多,所以友谊一般很纯洁,很可靠。对于创业者来说,同学资源是值得珍惜的外部资源之一。

与同学感情相似的是战友;可以相提并论的还有同乡。共同的成长背景,会让同乡的聚会产生在"家"的感觉。晋商和徽商在历史上占据着重要的商业地位,而且单从名字就可以看出它们明确的地域性。也正是因为同乡间的鼎力相助,才成就了这两大商帮的辉煌。即使到现在,到繁茂的商业区看看,还能见到矗立已久的晋商会馆和徽商会馆,单从它们气派的门庭就可以看出历史的繁华,会馆也就是老乡约会郊游的场馆。现在一个人要到外地去创业,无论是国内还是国外,老乡众多仍然是最有利条件也是可依靠的关系之一。

2. 朋友资源。

朋友应该是一个笼统的称谓。我们上面所提到的种种人力资源都可以算是朋友资源,除此之外玩伴是朋友,网友也是朋友。想要成为一个成功的创业者,就要有四海之内皆兄弟的能力。朋友是一种潜在的资源,不定哪天就可以用到,当然是越多越好。中国有句老话:在家靠父母,出门靠朋友。这么理解来看,没有了朋友就没有了依靠,在社会中就会难以存活。

三、脚踏实地准备创业

创业是创造价值的过程,这种价值要与众不同,其创造要投入一定的时间和精力,承担相应的心理、资产和社会风险,并能够在个人成就感和金钱等各方面得到回报,实现人生的价值。一谈到创业,几乎人人都有自己理论依据下建立的生意经,然而真正付诸行动的却屈指可数。原因就是恐惧创业的人总是比愿意承受创业压力的人多很多。其实,创业并不是像想象中那么可怕的。

创业要入对行

创业的门槛其实不高,谁都可以创业,但能最终走向成功的人却很少。这其间有蕴藏着很多成功创业的小秘诀,但秘诀并不都是来自创业成功的经验,也有很多是从失败的例子中领悟、反省出来的。综合很多经验,创业者必须先做的便是要确定从事的行业和项目。在下决定之前,最好先给自己做一个测验,深入了解自己的创意、潜力,看看什么样的事业能吸引你的注意力,并且可以鞭策自己奋勇直前。一旦做好选择,接下来还有许多课题需要创业者脚踏实地的去执行,才能逐渐地迈向成功之路。

想要创业,首先要选择进入哪个行业,然后再考虑具体的创业项目,接下来才是开业的准备。古语说:男怕入错行,女怕嫁错郎,这话说的直接又实在,一针见血的披露了选择行业的重要性。许多有创业理想的人,通常不是缺乏资金的,而是缺乏专业知识和相关的经验,没有选好切入点。

这里通常有一个矛盾存在。在大机构职位偏中上的这些人,有良好的教育基础,收入固定,且通常懂得钱生钱的投资方法,所以这类人有较多的资金,而且他们的能力足以创业。这些有创业能力的人手上的钱还不足以开个大公司,但对一些小本经营的买卖也缺乏实干经验。另一方面有小本经营经验的人却常常遇到缺乏资金的苦恼,同时一般也缺乏理财的专业性知识。如何解决这个矛盾呢?以上两种人合作是个不错的选择。通常那些有闲钱而缺乏创业行业知识的人,比有创业意念也有一技傍身却苦于无资金创业的人多,后者可选择从小做起,而前者则可能因没有想法儿永远无法迈出创业的一步。

一个人有一技之长，例如懂得修车可他没钱去开间汽车维修行，反而开了一间小超市，其实只要真能赚钱，有发展便可。不过这种创业人士，他们为了想自己做老板，放弃技能所学而主动投身另一行业，虽然行得通，但还是比较危险的。因为一旦事业发展，便有开支，不管是否赚到钱都必需负担。最初备好的创业基金不一定能承担长时间的负重压力，所以很多创业都是在还没入门的阶段就被扼杀了。

"做熟不做生"是经验之谈。真正想创业，又希望能持久得赚到钱，一定要对所从事行业愈熟愈好，不要光凭冲劲、想象做事。如果特别想到还不熟悉的项目创业，就要承担一定的风险，有一定的心理准备，最好先辞去现有的工作，加入到想要入行的项目中，学习工作一段时间再开始创业。虽然这样会花费较多的时间，但总比开业后再交更多的学费好。

创业需要选择喜欢的行业，也要选择自己熟悉的行业，选择一直想要追求的行业。自己能在行业里自如应付种种问题并妥善解决，让自己有更多空间发挥，当创业无论遇到多大的困难都不会灰心，尽管以后的挫折和困难还会不断的出现，但深爱这一行的创业者还是会义无反顾的追求自己心中所信仰的事业。

不断学习别被淘汰

有了创业点子，下一步就要让自己尽量多的接触各种资源与信息管道，像专业协会和团体组织机构等都是好的渠道。这些团体不仅可以帮助创业者评估创业潜力，并可尽早让创业计划实施，还可以通过书籍或者创业知识讲堂了解更多。

创业者也可以把自己公司的信息告知当地的商业团体和组织等来

增加曝光率,也可以试着与同业者征询运营忠告、交换创业心得。很多企业人都会碰到类似的问题,就因为解决方法不同,最后的结果也有所不同。

评估风险预算投入

自己创业听起来很光鲜,其实是个相当繁重的事情。在种种事实的面前你会认识到,创业并不是做自己喜爱的事从中获利这么简单。创业其实是很艰苦的工作,得做好心理准备,等确定已经准备好去接受一个枯燥而又沉闷的阶段再开始出手。

经营一项可以产生利润的新事业必须要有充足的资金,并且要与经营运作中所需的实际开销相平衡。首先草拟一份年度预算表是十分必要的,要把年度预算表制作得精细并不容易,即使是最有预算概念的专业大师来编排预算表,还是会多少出现低估预算或遗漏些小细节的情况发生,这些小细节常常是在预算表中的超支和杂支项目,而且有时公司成长发展的太快也会出现缺少资金的小麻烦。总之,在公司刚刚创建的一年中费用开销会比较大,要着重的研究分析能够承担的资金额度。

选对地址成功一半

在自主创业项目选好之后,接下来遇到的就是选址的问题了。不论创立什么样的企业,地点的选择都是可以决定成败的一大要素,尤其是经营以门市为主的餐饮、零售等服务业。店铺还没开张,地点就先决定了是否能成功的命运,好的选址可以说是等于成功了一半。

有些货品流通速度快、体积小的行业,如服装店、精品店、餐厅等,如果创业资金丰厚可以设在高租金区,而旧货店、家具店等因为需要空间较大，最好设置在租金较低的地区。租约有拿提成和固定租价两种，拿提成的租约形式前期投入的资金不会太多，但业主要按照你公司的收益的比率提取利润作为租金，也可以理解成业主以店面出租的形式入了你的经营股份，固定租价的租金是固定不变的，只需按期缴纳即可。租期的长短在签订合约时可以与业主商谈，如果你刚刚开始创业，建议租期不要太长，最多一年即可，创业期间如果看到了更合适的地方也可以随时变动，对房租的投入资金影响不大。

汇集资源万事俱备

在创业者开始进行开店前的测试时，还要注意要先获得资源，包括有设备、资金还有收集潜在顾客的资料和很多无形的智慧财产权等等。创业者必须汇集足够的资源以备不时之需。

公司要首先确定自己的经营模式，再去雇佣为之工作的核心员工。公司只有在经过数次测试后才能最后确定可盈利的经营模式，才知道所要雇佣人员所需的专业和经验等各方面素质。

创业登记公司该做哪些工作呢？

在公司正式运营前，必须对商业法规相关的条文规定有一个深入的了解，还要弄清楚许可证或者执照申请的表格细节。要知道各市县级政府机关对开办公司的规定可能是不同的，所以选择在什么地方开办公司之前，都要先弄清楚法律条文和当地是否对企业有特殊的规定。

通过各地商会或者中小企业协会就可以获得营业执照相关申请规定和办法，还能得知所在地政府有哪些不同的管理政策。

一个普通的有限责任公司要有两个或两个以上的股东，自然人独资的有限公司允许1个股东注册，所以又称一人有限公司，可以根据自己的经营方式和自己的经济实力来选择想要注册哪种公司。

注册公司要遵循几个步骤：

1. 核名：首先当然要给公司取一个响当当的名字，然后到工商局把选定的名字填写在"企业（字号）名称预先核准申请表"内，交由工商局检索是否重名，如果没有重名，工商局就会核发给你"企业（字号）名称预先核准通知书"，证明这个名字属于你的公司了，要花费30元人民币做手续费，但要注意这30元只可以在工商局帮你检索5个名字，所以在你定下自己企业名字之前一定要仔细调查一下，不要在工商局花费更多的冤枉钱了。

2. 租房：

不同的行业要在适合自己的地方选择办公室，这在前面的一节中已经提到过了。除了选对了风水还要看看这地方是否允许做办公用。通常的写字楼和厂房是不会出什么问题的，但有些居民楼限制办公，而有的居民楼却可以，所以在选择前要认清情况，避免不必要的投资。

选定地点之后就要跟房东或者房产公司签订租房合同，别忘记要求房东提供房产证的复印件。合同签好后，还要到税务局去跑一趟，为自己的公司买印花税。

3. 编写公司章程：

如果你不知道怎么编写公司章程，可以偷个懒，直接到工商局网站下载"公司章程"的样本，根据自己公司的情况修改一下就可以了。注意修改要仔细，集合所有股东的想法，通过后让所有股东签字证明。

4. 刻私章：

找一个刻章的地方就可以刻一个私章了，要告诉他们需要的是方形的法人私章。

5.到会计师事务所领取"银行询征函"：

在会计师事务所领取一张"银行询征函"的原件。在报纸上就会找到很多会计师事务所的宣传广告,在税务局和工商局门外也会有很多会计事务所。

6.去银行开立公司验资户：

去银行开立公司验资户时所有股东都要出席,要带上工商局发的核名通知、法人代表私章、公司章程、用于验资的钱、空白询征函表格和所有股东入股的钱和自己的身份证等资料。当银行立好工资账户后,每个股东再把自己所出的资金存入账户,届时银行会下发缴款单,并且把银行的印章盖在询征函上。

公司法中有明确规定,在投资人注册公司时必须缴纳足额的资本,资本表示形式有很多种,现金或是知识产权、汽车或房产等实物都可以。但是如果是以实物抵价投资,就要先到会计师事务所评估其价值后再以实物实际价值出资,只是这个过程会比较繁琐麻烦。

7.办理验资报告：

如果是以50万元以下资金注册的公司,那么就要准备500元左右的现金到会计师事务所办理验资报告。办理验资报告的时候还要带齐股东缴款单、银行盖章后的询征函和公司章程、核名通知、房产证复印件和房租合同。

8.注册公司：

首先到工商局领取并填写股东名单、董事经理监理情况表、设立登记申请表、法人代表登记表、指定代表或委托代理人登记表。然后将自己手中的核名通知、验资报告、房租合同、房产证复印件、公司章程连同300元钱一起交给工商局,过3天左右就可以拿到属于自己的公司执照了。

9. 刻公章或财务章：

领到营业执照后还有很多事物需要处理，而在处理事务时都要用到公章或财务章。只要拿着营业执照到公安局指定的刻章社，就可以得到公司的公章和财务章。

10. 办理企业组织机构代码证：

拿着营业执照和80元钱到技术监督局办理组织机构代码证，办下来大约需要半个月的时间，所以在此之前技术监督局会发一个预先受理代码证明文件，用这个文件就可以继续畅通无阻的办理接下来要办的手续。

11. 去银行开基本户：

带着我们上面提到的预先受理企业组织机构代码证明文件和营业执照，到银行开立基本账号。如果是在原来办理验资时的那个银行的同一网点去办理，就会节省下100元的验资账户费用。

开基本户的时候最好把所有办理过的证明全部带齐，因为在银行需要填很多表格，全部带齐可以免除你跑来跑去找证件的麻烦。购买一个基本户时还需要准备280元钱购买密码器，今后为公司开支票或是划款时都需要这个密码器来生成密码。

12. 办理税务登记：

办理税务登记要在领取执照后的30日内到当地税务局申请领取。领取时税务局要求提交的资料中有一项是会计资格证和身份证，所以如果还没有雇佣会计就可以先请一个兼职会计随同。通常是办理两种税务登记证，办理国税需要40元钱，办理地税需要80元钱。

13. 申请领购发票：

如果你的公司是服务性质的，就要到地税申领发票，如果你的公司是销售性质的,就要到国税去申请发票。

以上种种琐碎的事情办完之后公司就可以开始营业了。要记得每个月按时向税务申报税,就算你没有赚钱不用交税也要进行零申报,如果不去的话会被罚款的哦。

第四节　它山之石,学习国外的理财高招

追求最高的利润是每一个投资者永远的目标,个人理财也一样,而且不分国度。目前,国内金融行业的飞速发展吸引很多普通人加入了投资理财大军,多样的投资渠道和各具特色的理财产品令人目不暇接。但是,个人理财在我国仍然处于起步阶段,投资者还需要学习更多的经验。那就让我们来看看外国人是怎样理财的吧。

一、法国:储蓄、保险,为退休准备

法国是个人享受高福利的国家,教育、医疗等方面的福利都十分完善。法国人理财主要是为了娱乐、积累财富以及为退休做准备。他们的理财方式一般包括储蓄、保险、基金和房产投资等,但直接购买股票的较少。

法国人家庭储蓄率在欧洲属最高之列，主要存的是为自己养老的钱。法国每年有占全国三分之一的资金流向储蓄投资。法国目前不少家庭是租房住，自有房比例不到 60%。随着国家大形势导致房租的不断上涨，买房成为许多家庭理财中的重点。有近 9 成的租房者认为，购置房产是为退休做准备最好的办法。因为退休后收入减少，拥有自己的住房可以节省高额的房租支出。

有将近 7 成的法国家庭购买保险。法国的人寿保险产品品种很多，涉及到股票、资金等多种行业。法国直接持有股票的家庭非常少，高税收使得法国国民手中的可支配的现金并不多，所以风险太高的股票很难让他们动心。多数法国人通过购买基金产品间接进行股票投资，交给专家帮忙理财更放心。

另外，法国的理财咨询行业发展的很好，许多普通法国人的投资资金都交给理财顾问来管理。

除了福利的优势和理财的便捷，法国人还有很多其他理财的小诀窍。

1. 现金支付。目前，许多法国人认为，现金埋单比刷卡消费更划算。这样他们就能对自己到底花了多少钱有个更清楚的印象，更能真实的感受到钱包的满空。而刷卡消费很容易让人不清楚自己究竟花了多少钱。

2. 每周存钱。法国工薪阶层通常都会根据自己的收入情况，每周存上一定数目的现金，每周定存不但不会影响日常的资金流动，到了年底还能收入一笔利息。

3. 使用信封。许多年轻的法国人都曾见过自己的长辈在每月初把家庭预算分类放在不同的信封里，这样做就可以掌控不同的支出明细。于是，现在很多法国的年轻人也都纷纷学习效仿。

4. 等等再买。冲动消费是理财行为中的大忌。如果能够按捺住急于购买某种商品的迫切心情并且持续 1 个月,那么冲动的心理就会被理性消费所取代。因此,等等稍后的心态是克制冲动消费的法宝。

5. 记录支出。有些年轻的法国人认为,利用信封做家庭开支的预算有些老土,现在可以转变为利用专业理财软件为自己理财。或者,干脆自己做个简单的 Excel 文件用于记录开销。

6. 每天查账。现在几乎所有银行都推荐用户使用网银,网上银行方便用户随时查看自己的消费账目。因此,很多法国人都养成了定期上网查账的习惯。

7. 锻炼身体。身体是革命的本钱,这也是法国人信赖的道理,只有身体好,才有能力去做想做的事。法国人非常重视自己的身体健康,如果身体健康,就免去了去医院的麻烦,也可以省去一笔医药费。

二、俄罗斯:投资第一选是购置房产

目前俄罗斯人投资的第一选择是购置房产,当然还会有其他例如银行储蓄、炒股和黄金买卖等理财方法。

最近俄罗斯的房价越来越高,而且涨势迅猛,所以越来越多的俄罗斯人都把购房作为实现自有资金保值增值的重要途径。由于近年来石油价格高涨,俄罗斯的经济形势越来越好,而且这个国家金融机构的实力也在不断加强,所以俄罗斯居民把钱存入银行会得到很大的保障。俄国的通用货币是卢布,现在卢布在货币市场上不断升值,所以许多俄罗斯人存款时也会选择本国的货币。

种种资金情况都看涨,俄罗斯居民的收入也不断增加,手中的闲散资金随之增多,还由于近年来石油价格高涨,国际能源市场的行情对俄罗斯有利,所以也有更多的国人选择投资股票市场。

三、德国:基金更吃香

在电影中了解到的德国人都有着严谨、保守的性格,然而事实也是。他们做任何事都是一丝不苟的,这些性格也体现在他们理财生活中。德国的物业税很高,自住房的税率大概是房价的5%,而投资房产的税率是房价的40%,物业税率差如此之大,对于普通的工薪族而言,在房地产方面做投资是十分不现实的。所以他们多把资金投在基金上,相比来说,基金要比股票安全的多。

在德国,买房是件挺困难的事。现在德国的一栋房的平均售价大概为26.3万欧元,这相当于一个普通的国人一辈子收入的35%。但是仅仅买一套房子供自己住还是没问题的,所以越来越多德国的年轻人都开始选择用分期付款的方式来为自己选择一套住房。德国的税率是相当高的,通常一个德国家庭收入的1/3都用来应付税费。

德国的失业率在全球都是数一数二的,就因为经济的不景气加上突如其来的经济危机,使德国人对股市的兴趣越来越淡。因为德国的教育和医疗都是几乎免费的,所以,连像商业保险这种最稳妥的投资都提不起德国人投资的兴趣。多数德国人宁可把钱存进获利很少的银行。

四、日本:乐于把钱交给银行储蓄

日本的投资情况很是明朗,因为日元在全球货币中的价值不断升

高。虽说日本很富有，但是日本人对投资都还是很谨慎的，通常日本的中产阶级都是把自己的钱交给银行储蓄管理，其实银行储蓄的利率几乎是零，其次会选择的就是国债，而国债的利率也只有4%，但是在日本人的观念中稳妥就是最安全的。

日本人非常信任银行，但日本银行一年期存款的利率仅为0.02%到0.03%，5年定期存款的年利率也只有0.1%，有些人为了让自己的钱能存在银行还能收获更高的利率就把资金存到国外利率较高的银行中。

日本人投资的手段其次是国债。投资国债的理由就是因为银行储蓄的利率太低了，所以不能出国储蓄还想钱生钱的人们只能选择回报率相对高些、又安全的国债，近年来日本的国债利率大约在1.3%到1.5%之间，比银行利率高不说，由国家做担保，安全性也得到保障。

日本人还比较青睐保险这种投资手段。据数据统计，在日本平均每个家庭投保5个险种，90%以上的家庭都购买了各种不同类别的保险。日本人原是喜欢选择养老保险的，但近年因为买养老保险的人日益增多，国家办理的养老保险政策也就愈发腐败，所以很多人都把目光从养老险转入商业保险。

日本的工作几率比中国低，导致日本的年轻人手上没什么钱，对人生也没什么长远的规划，不去计划如何理财，所以投资股票的人也比较少。

五、美国：山姆大叔爱股票

美国人在股票方面表现出了无限的热情，有将近30%的美国市民在股市中开户，一半以上的美国家庭都涉足到股票市场之内。

几乎所有的美国家庭都拥有股票，但他们不"炒"，我们之前已经说过"炒股"中"炒"的含义了，就是翻来覆去不断的买卖，美国很多人有股但不炒，而是雪藏。花旗银行的一个统计显示，普通美国人平均持有一支股票的时间为两至三年，基金持有时间更长达三至四年。还有人更长时间的持股，达到几十年或者会传给后代。美国人不"炒"股不是因为懒惰，而是他们都习惯用很谨慎的态度去对待股票。

美国的大多数公司在上班时规定是不能查看股市大盘的，而美国的证券交易厅也不多。在炒股上，人们更相信有经验的老股民或者有专业知识的经理人。有些很有钱的人家还会根据投资银行的建议，持有个股。投资银行的服务是私人投资顾问一对一进行的，跟中国"私募"的概念差不多。

美国人懂得"量入为出"的道理，他们很多人没有炫富和攀比的心理。这也使他们可以用很平和的心态来对待手里的资金。

美国有个有趣的调查显示，近1/3美国人相信买彩票赢得50万美元的机会，比自己凭本事去赚钱来得快。其实美国人更需要脚踏实地的去理财，赢得彩票的几率真的太小，但是如果每周都有50美元的储蓄，加上利息，持续40年就可以拥有1026853美元。同样道理，风险很小的理财方式还有基金。

美国人习惯使用信用卡，但有多一半的美国人不能按时还款，虽然信用卡很方便，但要记得及时支付信用卡欠账。

美国的税收原则中规定有节税的条件，如果出具一些关于如慈善捐助、事业相关支出的凭证就可以抵税。所以多数美国人在税收清账时总会急于找到相关的节税资料，否则高额的税收会浪费掉很多辛苦赚来

的钱。

美国的房价虽然一直在涨，但与股票基金的增长幅度相比还是很小的，所以如果是自己居住需要，可以选择买房，但不建议在美国以买房来做投资的手段。